浙江省科技厅软科学基金项目成果

海洋可再生能源技术创新动态分析及浙江之战略研究

张世龙　马尚平　吴　刚　著

海洋出版社

2018年·北京

内 容 简 介

在全面介绍国内外海洋可再生能源技术、应用发展之后，为浙江省的能源战略提出了合理的建议。

主要内容：本书的主要包括五个方面的内容：海洋可再生能源各技术领域技术进步特征分析；海洋可再生能源技术创新跨案例分析及发展动态评价；海洋可再生能源技术创新的趋势预测及阶段评价；浙江省海洋新可再生能源技术创新实地调研；促进浙江海洋可再生能源技术创新的对策与建议。

本书特色：从技术的发展、应用、创新，到浙江省海洋能可再生技术的应对战略，循序渐进。

适用范围：海洋可再生能源研究专业研究人员、政府相关决策部门。

图书在版编目(CIP)数据

海洋可再生能源技术创新动态分析及浙江之战略研究/张世龙，吴刚，马尚平等著.—北京：海洋出版社，2018.11
ISBN 978-7-5210-0224-9

Ⅰ.①海… Ⅱ.①张…②吴…③马… Ⅲ.①海洋动力资源—再生能源—技术革新—研究—浙江Ⅳ.①P743

中国版本图书馆 CIP 数据核字（2018）第 236136 号

责任编辑：张鹤凌 张曌嫘
责任校对：肖新民
责任印制：赵麟苏
排　　版：北京润鹏腾飞科技服务中心
出版发行：海洋出版社
地　　址：北京市海淀区大慧寺路 8 号（716 房间）100081
经　　销：新华书店
技术支持：（010）62100057

发 行 部：（010）62174379（传真）（010）62132549
：（010）68038093（邮购）（010）62100077
网　　址：www.oceanpress.com.cn
承　　印：北京朝阳印刷厂有限责任公司
版　　次：2018 年 9 月第 1 版
2018 年 10 月第 1 次印刷
开　　本：787mm×1092mm　1/16
印　　张：10.00
字　　数：250 千字
定　　价：39.00 元

前　言

海洋可再生能源利用是发展清洁能源的重要领域，温室气体减排和发展清洁能源已成为全球共识。当今世界经济已经进入了陆地资源开发和环境容量的瓶颈期，开发利用可再生能源已成为人类文明得以持续发展的重要保障。我国是世界上最大的能源消费国，必须改变我国能源的开发利用方式，着重开发新能源和可再生能源。我国海洋能资源丰富，岛屿众多，具备规模化开发利用海洋可再生能源的条件。在一系列重大战略规划的指导下，海洋可再生能源开发已经成为确保国家能源安全，实施节能减排和提升国际竞争力的重要举措，发展海洋可再生能源产业也是解决我国沿海和海岛能源短缺的重要途径。海洋可再生能源技术创新将成为解决我国沿海能源短缺和培育我国战略性新兴产业的着力点。

建设海洋强国和“一带一路”倡议的提出，刺激了海洋经济潜力和海洋资源开发动力，为海洋可再生能源技术创新、资源开发和产业发展获得国际资源、技术和市场提供了历史机遇。浙江是一个海洋大省，海洋可再生资源丰富且开发潜力巨大，从长远看，发展海洋可在再生能源必将成为浙江省优化能源结构的重要途径。大规模开发利用海洋可再生资源和培育海洋可再生能源这一战略性新兴产业是优化能源结构的基础和前提，在全国或全球率先推动海洋可再生能源技术创新，是获得先机的必要条件。浙江在海洋可再生能源技术创新方面不仅具有独特资源和现实需求，而且具备良好的发展基础和条件，探索进一步推进浙江海洋可再生能源技术创新的对策对浙江省的科技事业和社会经济发展具有重要意义。

国外专家主要从海洋可再生能源开发对生态环境影响、发展海洋可再生能源的社会政策和公共权利、海洋可再生能源关键技术领域、海洋可再生能源的经济学分析等方面进行了大量的研究。2003 年 9 月，国务院批准“我国近海海洋综合调查与评价”专项（简称“908 专项”）立项，2012 年通过验收，专项基本摸清了我国近海海洋环境和资源家底。国内一批学者和专家在海洋资源环境评估、国际海洋可再生能源发展、我国海洋可再生能源开发利用现状、海洋可再生能源关键技术领域、海洋可再生能源专项资金管理和法律制度建设方面都做出大量努力，这些都为本书的完成奠定了基础。并在此向国内外的机构、专家、学者和新闻工作者表示感谢。

本书是在笔者团队负责的浙江省软科学基金项目“基于技术创新动态评价的浙江海洋可再生能源技术创新战略及其对策研究”（项目编号：2015C35021）成果基础上编写的。书中的海洋可再生能源研究范围界定为潮汐能、波浪能、海流能、海洋温差能、盐差能等。海洋可再生能源技术创新是指海洋可再生能源开发技术的成长及其商业化过程，也即是海洋能发电产业的初步形成过程。研究目标是对海洋可再生能源技术创新的资源、技术和环境等基础条件进行分析和评价；对各技术路径的海洋技术创新阶段作出科学评价；提出促进浙江省海洋可再生能源技术创新的发展战略及对策。

本书的研究工作主要集中在2016年和2017年，由于本书研究的内容具有新颖、跨学科、跨领域、对数据和资料高度依赖的特点，项目实施难度远远超出了预先估计，同时项目结题时间要求比较紧，因此不敢说这项工作做得多完美，其中的错误和不足在所难免。再者，由于海洋可再生能源技术路径丛生，面对的能源环境又非常复杂，书中的分析可能未能完全包含现有的最新技术创新成果，对技术创新阶段评价和判断也许存在偏颇之处，针对浙江的战略分析与对策建议也可能存在不够具体和深入的问题，敬请同行批评指正！本书的出版希望能起到抛砖引玉的作用，还请广大读者海涵！

本书由张世龙提出和设计研究课题，主持完成课题研究并完成书稿写作与统稿工作；浙江科技学院的吴刚副教授和浙江海洋大学的马尚平教授自始至终地参与课题研究并完成了大量的调研工作；浙江海洋大学研究生韩桂林、魏龙庭、张婷婷、张明月、韩来发、戴针蕤等先后不同程度地参与了课题研究，收集了大量资料；2016级研究生霍霜、陈媛媛在对初稿的修改方面做了大量的辅助工作，2017级研究生马硕承担了主要编辑工作。2017级研究生杨弯弯、徐腾、酒志玉、翟晶晶、罗依浓、李卫国、陈明珠等同学从事了书稿校对的工作。在此向付出辛勤劳动的研究生们表示感谢！

本书的出版获得浙江海洋大学专著出版基金的资助，在此，谨向他们表示衷心的感谢！

作　者

2018年7月

目　录

第 1 章 绪 论

1.1 基本概念及相关理论

1.1.1 基本概念界定

1）海洋可再生能源

一次能源可以进一步分为可再生能源和非再生能源两大类型。可再生能源包括太阳能、水能、风能、生物质能、海洋波浪能、潮汐能、海流能、海洋温差能、海洋盐差能、地热能等，是在自然界可以循环再生的能源，是取之不尽、用之不竭的能源。在煤炭被大量用于工业之前，所有使用的能源都是可再生能源。海洋可再生能源，也称海洋再生能源，是指利用可再生的潮汐发电、海流发电、波浪发电、海洋温差发电、盐差能发电等清洁能源技术来获取人类日益增长的能源需求的能源。本研究中的海洋可再生能源界定为：以潮汐、波浪、海流、温度差、盐度差等形式存在于海洋之中的潮汐能、海洋波浪能、海流能、海洋温差能、盐差能。

2）海洋可再生能源技术创新

技术创新是指人类通过新技术改善经济福利的商业行为，它不是纯技术概念，而是一个经济学范畴。熊彼特认为，技术创新就是发明创造的第一次商品化，并特别强调，企业家在经济活动中的主导地位，其创新行为把科学家的发展创造成果引入经济活动中。技术创新作为一个转换媒介，把科学技术与经济增长和发展联系了起来。可见技术创新既不同于技术发明，也不同于研究开发，而是技术与经济相结合的商业化过程，也就是以新技术为核心支撑的新兴产业的初步形成过程。

技术商业化成功的标志是，将新技术思想转化为体现新技术的产品或工艺，使其市场价值大于或等于其企业生产经营成本或边际社会成本。新技术在商业化过程中往往会获得政府支持，从而降低了企业的生产经营成本，政府予以支持并希望以此促进新技术的进步，提高新技术的产品或工艺的性价比，实现政府投入政策取消后企业仍具有自主盈利能力。新技术产品生产的资源获得和产品销售，完全通过市场交换手段实现，并能够获得利润。当形成自我成长机制时，新技术产业就初步形成了，技术商业化也就成功了。

海洋可再生能源技术创新，是指利用潮汐能、波浪能、温差能、盐差能和海流能等海洋可再生能源发电技术的成长及其初次商业化过程，也是海洋能发电产业初步形成的过程。

1.1.2 海洋可再生能源技术创新阶段

Vijay K. Jolly，张作义（2001）将新技术商业化的整个过程分解为新技术的构想、孵化、示范、推广和持续5个子过程。对技术创新过程的认识和划分，目前国内外学者从不同的角度形成不同的看法，既然技术创新是一个新产品或新工艺的第一次商业运用，那么技术创新过程也必然是一个从新的产品或工艺创意到真正商业化的过程。结合我国企业技术创新运行过程的实际情况，可以把技术创新过程分为以下6个阶段：①创意思想的形成阶段；②研究开发阶段，其基本任务是创造新技术，根据技术、商业、组织等方面的可能条件对创新构思阶段的计划进行检查和修正，一般由科学研究（基础研究、应用研究）和技术开发组成；③中试阶段，其主要任务是完成从技术开发到试生产的全部技术问题，以满足生产需要，通过小型试验在不同规模上考验技术设计和工艺设计的可行性，解决生产中可能出现的技术和工艺问题；④批量生产阶段，是按商业化规模要求把中试阶段的成果变为现实的生产力，产生出新产品或新工艺，并解决大量的生产组织管理和技术工艺问题；⑤市场营销阶段，其任务是实现新技术所形成的价值与使用价值，包括试销和正式营销两个阶段；⑥创新技术扩散阶段，即创新技术被赋予新的用途，进入新的市场。

参照上述技术创新阶段划分及海洋可再生能源技术创新特点，海洋可再生能源技术创新可以分为如下6个阶段：①海洋能源发电技术原理及思想形成阶段；②海洋能源发电装置发明阶段；③发电装置实验室实验研究阶段；④海况实验阶段；⑤项目示范和推广阶段；⑥规模化运用和技术扩散阶段。

1.1.3 海洋可再生能源开发利用与海洋可再生能源技术创新的关系

海洋可再生能源的开发利用，是指人类利用一定的方法和设备将蕴藏在海水中的能量收集、转换成可为人类服务的电能或其他可利用形式能的行为。海洋可再生能源开发利用方式主要是发电，具体讲就是潮汐能发电、波浪能发电、温差能发电、盐差能发电和海流能发电等。

海洋可再生能源技术创新属于海洋可再生能源开发利用的内容，亦属于海洋可再生能源开发利用从不成熟利用向成熟利用阶段过渡的努力，至少技术创新进入到项目示范和推广阶段是可以看作进入到开发利用阶段的。因此，从行业技术发展阶段看，可以将海洋可再生能源开发利用分为两个阶段：一是技术发展与资源小规模利用的技术创新阶段；二是技术成熟和资源大规模利用阶段。可见，一般认为海洋可再生能源技术创新是大规模开发利用海洋能源资源的基础和前提。不过，也不能将海洋可再生能源技术创新与海洋可再生能源开发利用的关系完全从发展阶段来认识。一方面，因为在发电装置实验室实验研究阶段以前算不上实质性资源开发利用，也见不到资源利用效果；另一方面，在海洋资源大规模利用阶段，仍然存在技术创新的内容。从整个行业来讲，局部的产品技术创新和工艺材料创新，将一直伴随着海洋可再生能源开发利用的过程。

本研究所探索的海洋可再生能源技术创新，聚焦在海洋能发电商业过程和行为上，也就是海洋可再生能发电产业的形成阶段和行为领域。

1.2 海洋可再生能源技术创新研究的背景

1.2.1 温室气体减排和发展清洁能源成为全球共识

能源是人类生存和发展的重要物质基础。随着世界经济的不断发展，煤炭、石油、天然气等传统的化石能源迅速消耗，生态环境不断恶化，人类社会的可持续发展受到了严重威胁。

发展清洁能源特别是可再生能源是人类社会实现可持续发展的主要措施。1992 年，世界上第一个为全面控制二氧化碳等温室气体排放的《联合国气候变化框架公约》诞生，1997 年的《联合国气候变化框架公约京都议定书》确立了一个伟大的目标——“将大气中的温室气体含量稳定在一个适当的水平，进而防止剧烈的气候改变对人类造成伤害”。2016 年的《巴黎气候协定》指出，各方将加强对气候变化威胁的全球应对，把全球平均气温较工业化前水平升高控制在 2℃之内，并为把升温范围控制在 1.5℃以内这一目标而努力。随之温室气体减排和发展清洁能源成为全球共识。

在 2014 年联合国气候大会上，从意昂集团到英格兰银行，政界与商界都发出了碳排放即将从严管理的信号。德国最大的电力企业意昂集团表示，将剥离旗下老发电站、油田等污染环境的业务，专注于可再生能源。为防止地球生态环境的进一步污染，世界上大多数负责任的国家和政府都已行动起来，将可再生能源开发作为满足能源增长的主要发展方向，促进能源结构的根本改变。《世界能源统计年鉴（2017 年）》显示，随着可再生能源继续强劲增长和煤炭使用量下滑，世界能源结构正在向更低碳的燃料转型，估计全球的碳排放相较上一年度增长只有 0.1%，2016 年成为碳排放保持稳定甚至下滑趋势的连续第三个年头。虽然 2016 年可再生能源在一次能源总量中仅占 4% 的份额，但是可再生能源是所有能源中增长最快的部分，增幅达到 12%（增长率远高于 2016 年全球一次能源消费量增长 1.0%、石油需求增长 1.6%、天然气产量增长 0.3%、煤炭使用量增长 -1.7%），其增长在 2016 年占能源需求总增量的近 1/3。

1.2.2 加快开发利用海洋能已成为世界沿海国家和地区的一致行动

当今世界经济已经进入了陆地资源和环境的瓶颈期，开发利用可再生能源已成为人类文明得以持续发展的重要保障。海洋作为人类资源宝库，约占地球表面的 71%，是世界上尚未充分开发利用的最大领域，人类向海洋索取资源已经成为必然趋势。海洋能清洁干净、可再生性强，被联合国环境组织视为当今最理想、最有前景的替代能源之一。海洋正成为一个重要的战略要素，在新能源开发上扮演着重要角色。

全球沿海国家和地区都已经认识到海洋可再生资源的巨大潜力，为保障社会所需能源得到稳定持久的供给而且不危及生态环境和子孙后代的生存，各国对海洋能的开发，从摸索现状、制定规划到技术试验和商业化，均投入了巨大的人力和物力，并制定了开发海洋能源的宏大战略和规划。能源开发领域技术突变明显加快，海洋可再生能源开发是其新能源技术开发的重要领域，海洋国家都在竞相鼓励发展（张世龙，2004）。2009 年，英国政府公布《英国可再生能源计划》，又于 2010 年专门颁布《海洋能源行动计划 2010》。通过这些战略性法规、计划，英国将海洋可再生能源产业的发展上升到国家战略高度。2010 年，美国能源部下属的可再生能源实验室发布了《美国海洋水动力可再生能源技术路线图》，计划到 2030 年，用于商业的海洋可再生能源（波浪能、潮汐能、海流能、海洋热能和渗透能）装机容量将达到 23 GW。2009 年欧盟发布了《可再生能源指令》，法国在 2011 年将其转化为国内法，并指出，到 2020 年，法国计划将可再生能源占全国能源的比重提升至 23%。2011 年日本新能源产业技术综合开发机构制订了综合研发计划，以促进海洋能开发装置的实际应用和商业化进程，2014 年通过新的《能源基本计划》选择了可再生能源为主要发展方向。

1.2.3 海洋可再生能源开发将成为我国重要的新能源开发领域

我国是世界上最大的能源消费国，《世界能源统计年鉴（2017 年）》显示，2016 年中国的能源消费占全球能源消费量的23%，占全球能源消费增长的27%，二氧化碳的排放量常年位居世界前列，社会经济发展面临着巨大的环境压力。因此，必须改变我国当前能源的开发利用方式，着重开发新能源和可再生能源。我国政府早就十分重视可再生能源的开发利用，制定了一系列相关规划和政策支持可再生能源的开发利用。2005 年颁布的《中华人民共和国可再生能源法》，使我国可再生能源的研究与开发工作有法可依，而且明确把海洋能纳入可再生能源领域加以开发利用。

我国海洋能资源丰富，岛屿众多，具备规模化开发利用海洋能的条件，早在《“十二五”国家战略性新兴产业发展规划》就明确了包括海洋能在内的新能源产业的发展目标和重点方向，提出积极推进技术基本成熟、开发潜力大的海洋能等可再生能源利用的产业化；2010 年国家海洋局和国家财政部联合设立了海洋可再生能源专项资金，全面推进海洋能开发利用技术的研究、应用和示范工作，为海洋能产业化培育及发展奠定了坚实基础。2017 年国家海洋局制定了《海洋可再生能源发展“十三五”规划》，此文件是我国首个海洋能发展专项规划，表明海洋可再生能源的开发与利用成为我国减少污染、保护环境、实现可持续发展的一条重要途径。在一系列重大战略方针的指导下，海洋可再生能源开发已经成为确保国家能源安全，实施节能减排和提升国际竞争力的重要举措。

海洋可再生能源开发将成为解决我国沿海能源短缺和培育我国战略性新兴产业的着力点，发展海洋能是解决我国沿海和海岛能源短缺的重要途径。我国地缘广阔，资源种类较多，但是资源分布并不均匀，煤炭、石油主要在华北，水利资源主要在华南，风能资源主要在西北，太阳能资源和地热能资源主要分布于青藏高原地区。作为我国人口集中，产业密集，社会经济发达的东南沿海，特别是“长三角”“珠三角”地区化石能源严重短缺，电力缺乏已经成为制约其经济发展的重要因素。当下的沿海地区，风能、太阳能等可再生能源也不丰富，能源利用还是以化石能源为主，从能源丰富地区运输煤炭不仅需要占用大量的运力，而且将风能、太阳能等能源发电后通过电网运输也会有长距离的消耗损失，如浙江省 90% 以上的化石能源要从外省输入，平均运输距离在 1 500 km 以上，价格也由此而上升了 1 倍。因此，因地制宜，开发利用本地区丰富的海洋可再生能源，在沿海和海岛建设适用的海洋能发电系统，是补充沿海电力缺乏和解决海岛居民及驻军用电问题的主要途径之一。

尽管目前在技术成熟程度、规模和价格等方面，海洋能资源与常规能源还难以相提并论，但是从我国能源长期发展战略和能源储备的角度来看，加大和加快海洋波浪能源的开发研究具有重要的现实和战略意义。国际能源署海洋能源系统实施协议 OES（一个政府间的合作组织）于 2011 年发布的《国际海洋能源愿景》预计，到 2030 年，海洋能产业将会创造16万个直接就业岗位，到2050年全球海洋能开发潜力为748 GW，可减少二氧化碳排放52亿t。可见，海洋可再生能源极富开发前景。

1.2.4 国家战略和“一带一路”倡议为海洋可再生能源开发带来历史机遇

扩大对外开放、海洋强国、生态文明建设和“一带一路”倡议等国家战略的提出，激活了海洋经济和海洋资源开发，为海洋可再生能源的技术创新、资源开发和产业发展获得国际资源、技术和市场提供了历史机遇。

随着我国一系列对外开放战略的不断深入展开，必将加强我国同世界各国间的紧密合作，特别是推进二十国集团（G20）成员国之间的合作创新。G20成员国也是海洋可再生能源技术创新的先进国，2016年在北京召开的G20能源部长会议上，我国提出的“构建低碳、智能、共享的能源未来”的主题得到广泛认同，会议审议通过的《北京公报》指出，G20将在可再生能源知识共享、能力建设、技术进步、融资创新、试点项目等方面开展深入合作，降低可再生能源的部署成本。同时会议还审议通过在可再生能源、能源可及性、能效合作方面的三个行动计划。G20成员国的推动和“一带一路”倡议下将为我国海洋可再生能源发展提供更广泛的国际合作空间。

1.3 研究浙江海洋可再生能源技术创新的意义

2011年3月，国务院审批通过了《浙江省海洋经济发展示范区规划》，这不仅是我国第一个海洋经济发展示范区规划，而且这个规划也使得浙江省海洋经济发展上升为国家战略，这意味着浙江省向海洋经济世纪迈进的大门已经打开。此外，浙江省在全国较早从推进要素市场化配置、资源环境有偿使用等方面进行改革，经过多年的发展，目前已基本形成了高效、规范的市场机制，为海洋经济发展提供了良好的环境。2011年以来，浙江省在海水综合利用、风力发电、海洋生物医药和现代港航服务等海洋新兴产业的发展上已呈现出了良好的发展态势，但海洋可再生能源的技术创新和产业发展明显落后。

浙江省虽是我国东部沿海地区的经济大省，但同时也是一个缺电少煤的省份。浙江省的能源消耗绝大部分依靠外省的调入，能源需求具有高度的向外依赖性。随着经济的不断发展，传统陆地化石能源的消耗也在逐年攀升，浙江省经济发展面临的促进产业结构转型升级、优化生态产业环境和保持经济持续快速发展的压力不断加大。充分考虑到浙江省是一个海洋大省，海洋能资源丰富且开发潜力巨大的省情，从长远看，发展海洋可在再生能源成为浙江省的重要选择途径。

大规模开发利用海洋能源资源和培育海洋可再生能源这一战略性新兴产业，技术创新是基础和前提，在全国或全球率先推动技术创新，是获得先机的必要条件。浙江省具有岛屿众多，海域面积广阔，海岸线漫长，海洋能资源丰富，具有推进开发海洋可再生能源技术创新，培育海洋可再生能源产业发展的独特资源和区位优势。浙江省潮汐能江夏和山海示范站已成功运行30多年，世界最大的兆瓦级LHD林东模块化大型海洋潮流能发电机组在舟山岱山安装运行，并成功发电、上网。2017年，国家海洋局制定的《海洋可再生能源发展“十三五”规划》将“浙江－舟山潮流能并网示范基地建设”确立为全国三个海洋能发展重点示范工程。可见，浙江在海洋可再生能源技术创新不仅具有独特资源和现实需求，而且也具备良好的发展基础和条件，探索进一步推进浙江海洋可再生能源技术创新的对策对浙江省的科技事业和社会经济发展具有重要意义，对浙江高技术产业发展序列（张世龙，1999）的科学安排也具有较大参考价值。

1.4 国内外关于海洋新能源技术创新研究动态

1.4.1 国外研究动态

目前，国外专门关于海洋可再生能源发展的研究种类繁多、起步较早。其研究主要体现在以下四个方面。

关于海洋可再生能源对生态环境影响的研究。W. James Grecian（2010）指出，一个潜在的、用来对抗气候变化影响的方法是可再生能源设施的扩张，这将会导致波浪驱动的海洋可再生能源设施（Marine Renewable Energy Install ations，MREIs）的增加，并最终影响海洋鸟类的生存。Mark A. Shields（2010）提出许多国家现在认识到减缓由人类活动引起的气候变化的重要性，并且已经将可再生能源资源整合到他们的能源政策之中；Sarah Dolman（2010）在《苏格兰海洋可再生能源的发展对鲸类保护最佳环境实践》中指出，海洋可再生能源不仅被视为英国未来的能源战略，而且正成为减少温室气体排放量对气候变化贡献的一个重要组成部分。

关于海洋可再生能源社会政策和公共权利方面的研究。Paul Todd（2011）提到在未来的几十年里，海洋可再生能源可能是英国能源政策的重要组成部分。Sandy Kerr（2013）认为，迄今为止有关海洋可再生能源的学术研究（MRE），主要集中在资源评估、技术可行性和环境影响，但建立一个海洋可再生能源的社会研究议程也同样重要。Wei－Haur Lam（2014）指出，世界各国开始考虑将海洋可再生能源（Marine Renewable Energy，MRE）作为一种可持续发展的替代能源，并对海洋可再生能源的海洋健康指数展开研究。

关于海洋可再生能源关键技术领域的研究。Markus Mueller（2008）介绍了一些在海洋可再生能源技术的发展过程中面临的核心挑战，从目前的原型形式到被广泛部署的未来能源供应的贡献者；Kim Trapani（2013）展示了光伏系统在近海环境中应用的最初方案，并将传统海洋可再生能源技术与近海光伏发电应用进行对比。Wood Robert J. K.（2010）探讨了海洋可再生能源系统的摩擦学设计约束。

关于海洋可再生能源的经济学分析的研究。Simeon Leete（2013）指出，为应对气候变化，满足欧盟强制性可再生能源目标和提供明显的经济发展机会，英国的海洋可再生能源部署是可取的；Andrew MacGillivray（2013）利用学习曲线作为技术预测分析工具，对海洋可再生能源的创新和成本降低展开论述。

1.4.2 国内研究动态

2003年9月，国务院批准"我国近海海洋综合调查与评价专项"（简称"908专项"）立项，2012年通过验收。"908专项"基本摸清了我国近海海洋环境和资源家底。国内一批学者和专家在海洋资源环境评估、国际海洋可再生能源发展、我国海洋可再生能源开发利用现状、海洋可再生能源关键技术领域、海洋可再生能源专项资金管理和法律制度建设方面进行了大量研究，这些都为本研究的完成奠定了基础。纵观国内有关海洋可再生能源方面的研究主要见诸以下五类文献中。

关于国际海洋可再生能源发展及其对中国启示的研究。晏清、袁平红（2012）在研究英国海洋可再生能源发展实践的基础上，结合对我国海洋可再生能源发展现状的分析，指出制约我国海洋可再生能源发展的因素和存在问题，进而提出发展我国海洋可再生能源的建议；王琦等（2013）通过考察法国海洋可再生能源的发展情况，为我国开展海洋能源领域的相关工作提供思路；胡云鹤（2013）简要介绍了CETO技术的优势、原理，展示了该项目的应用成果，总结了该技术在各项目中的进展情况。

关于我国海洋可再生能源开发利用现状与发展思路的研究。熊焰等（2009）从我国能源需求出发，对国外、国内海洋可再生能源开发利用的现状作了简要说明，分析了我国在海洋可再生能源开发利用过程中存在的主要问题和有利条件，提出今后发展的思路；晏清、刘雷（2012）《海洋可再生能源——我国沿海经济可持续发展的重要支撑》，对海洋可再生能源的发展情况及我国利用现状进行了分析，提出了海洋可再生能源是我国沿海经济可持续发展的重要支撑的基本观点，并对我国沿海地区开发利用海洋可再生能源路径进行了初步设想；项翔、李俊飞（2014）在分析我国海洋可再生能源资源储量、技术及产业发展现状的基础上，借鉴国际海洋可再生能源开发利用的经验，提出了近期我国海洋可再生能源开发利用的基本思路等。

关于区域海洋可再生能源发展战略的研究。孙晨（2013）的《海洋可再生能源环境收益及对区域经济影响研究——以潮汐能为例》中，基于潮汐能环境收益的内涵，探索评估技术方法，构建其对社会经济影响的评价体系，从而搭建可再生能源的环境价值与区域经济发展的桥梁；刘富铀等（2013）根据波浪能、温差能和海洋风能调查与评价的结果，在分析总结国内外开发利用技术现状与发展趋势的基础上，提出“三沙”海域海洋可再生能源开发利用的建议等。

关于海洋可再生能源关键技术领域的研究。高艳波等（2011）介绍了国内外海洋能发电技术的最新进展以及已建、在建和计划筹建的工程项目情况，从政策、技术研发、资金及人才培养等方面，提出了我国发展海洋可再生能源产业的对策建议；吕超（2014）通过对目前80多项典型海洋能综合利用装置专利的分析与研究，基于机构原理对海洋能捕获转换装置进行了机构划分，构建了信息查询管理系统平台，为海洋可再生能源综合利用技术的开发与设计提供帮助和参考等。

关于海洋可再生资源专项资金管理、法律制度建设方面的研究。李守宏、王海峰（2013）归纳我国海洋可再生能源专项资金的总体思路、年度申报重点、过程管理思路，总结我国海洋可再生能源专项资金的立项特点以及存在的问题，研究提出了我国海洋能发展的有关建议；孙静雅（2010）介绍了目前国外海洋能开发利用的近况，并对我国不同的海洋能源发展情况及开发潜力加以说明，认真分析了我国海洋能发展缓慢的几点现实因素，进而从法律原则、具体法律制度等方面对未来海洋能开发利用的法制构建提出了建议等。

1.4.3 对我国海洋可再生能源技术创新研究的简要评价

综合上述国内外研究文献可以发现，我国在海洋可再生能源的研究方面已经取得一定的进展，与先进国家研究相比还存在较大差距，以下三个方面可能成为该领域研究的重点方向。一是对海洋可再生能源与生态文明关系的研究。随着近年来我国生态环保意识的不断加强，国民愈发关注科技与环境的密切联系，该方面的研究符合国际未来发展之形势，必将成为下一步研究的重点。二是对海洋可再生能源定量分析的研究。在目前的研究成果中，很大一部分集中于论述海洋可再生能源开发利用现状及发展趋势等定性研究，缺乏运用数学工具来预测技术成长和商业化进程以及评价技术创新发展阶段的定量研究成果，加强这一研究对海洋可再生能源产业技术创新战略的制定极为迫切。三是对区域海洋可再生能源发展战略的深入研究。现有研究成果中，大多从海洋经济、海洋资源、海洋新兴产业的宏观角度进行论述，独立分析某一具体沿海区域（如浙江、舟山群岛新区）海洋可再生能源的研究较为欠缺，该方面的研究对浙江的社会经济实践和浙江的学者来说显得尤为迫切。

1.5 研究方案及主要内容

1.5.1 研究思路

本书从海洋可再生能源资源分布、技术创新路径和技术创新与环境的关系的梳理和分析入手（2~4章），在对国内外海洋可再生能源技术创新进行实践动态分析、科技成果统计分析、成本和规模效益分析基础上，对各技术路径的技术创新阶段作出科学评价（4~6章），进而对各国海洋可再生能源技术创新战略与政策进行梳理（7章），为浙江省海洋可再生能源技术创新的环境分析和战略对策的提出提供坚实的理论与实践基础。在此基础上，本书围绕浙江的创新实践、资源分布、技术资源和社会经济环境开展分析（8~9章），进而提出浙江海洋可再生能源技术创新战略及对策建议（10章）。

1.5.2 研究范围和目标

本研究中的海洋可再生能源研究范围界定为潮汐能、波浪能、海流能、海洋温差能、盐差能等。海洋可再生能源技术创新是指海洋可再生能源开发技术的成长及其商业化过程，也即海洋能发电产业的初步形成过程。研究目标是对海洋可再生能源技术创新的资源、技术和环境等基础条件进行分析和评价；对各技术路径的海洋技术创新阶段作出科学评价；提出促进浙江省海洋可再生能源技术创新的发展战略及对策。

1.5.3 研究的主要内容

本书涉及的领域比较广泛，资料丰富，技术路径清晰，采取定性定量相结合的方法，使战略对策建立在科学的分析和评价基础上，所提出的浙江战略及对策对浙江省海洋可再生能源技术创新和我国新能源产业发展能起到一定指导和参考作用。本书将经济、科技和政策结合起来研究，主要围绕以下十个方面的问题展开。

第一、海洋可再生能源技术创新的自然资源分析。从全球、国内和浙江省范围，对潮汐能、波浪能、海流能、海洋温度能、盐差能等海洋可再生能源资源分布及特点进行梳理和分析。

第二、海洋可再生能源技术创新路径分析。对潮汐能、波浪能、海流能、海洋温度能、盐差能技术创新路径进行分析和梳理。

第三、海洋可再生能源技术创新与环境的关系分析。从技术创新项目选址对自然环境的依赖性、建设期海洋可再生能源项目对环境的影响分析、海洋可再生能源电站运行对环境的影响方面分析，展开可再生能源技术创新的环境分析。

第四、海洋可再生能源技术创新动态分析。按技术路径，以标志性事件案例为基础，分析全球技术创新动态，并按国别进行比较分析，通过技术路径和国别两个维度的矩阵列表，以最高水平为观察点，考察各技术路径技术创新阶段特征，为海洋可再生能源技术创新阶段评价奠定实践基础。

第五、海洋可再生能源技术创新定量分析及阶段评价。通过科技科技成果统计的技术创新趋势分析、成本分析和规模效益分析，结合第四章的实践案例比较分析，对海洋可再生能源技术创新阶段做出预测和评价。本研究主要对以下方面进行验证：潮汐能发电技术成熟，虽然成本仍高，但若能营造合理环境，潮汐能技术的商业化和产业化发展阶段已经来临；潮流能技术有加速成熟之势，预计2020—2025年将是产业化发展的机遇期；波浪能的规模化利用技术路径尚处于发散状态，商业化阶段尚不明朗，预计2020—2025年可能是技术突破和商业化的推进阶段；海洋温差能与其他路径相比成本有一定优势，但其成本下降遇到了技术瓶颈，大规模利用不易，但若结合养殖和供应淡水综合开发就具有现实意义；盐差能尚处于研发和设备发明期。

第六、海洋可再生能源技术创新战略与政策比较分析。以英国、美国、法国、日本、韩国和中国为例，考察和比较给各国的技术创新战略和政策，并考察和了国内沿海省区海洋可再生能源技术创新政策，制定浙江促进海洋可再生能源技术创新对策的提出奠定实践技术。

第七、浙江省海洋可再生能源技术创新实践及技术资源分析。按各技术路径对对浙江的技术创新实践进行分析和梳理，梳理浙江拥有和可以利用的技术资源，分析其技术环境。

第八、浙江省海洋可再生能源技术创新的社会经济环境分析。从政治、经济、文化和政策等方面分析浙江的环境。

第九、浙江海洋可再生能源技术创新的战略分析。在本研究前面关于浙江海洋可再生能源技术创新的资源、技术、环境、创新实践、创新能力和政治经济文化环境等阐述的基础上，采用SWOT分析框架，分别从优势（S）、劣势（W）、机会（O）、威胁（T）四个方面，对环境进行系统梳理，进而对浙江海洋可再生能源技术创新进行战略定位分析，为战略选择建议奠定理论基础。

第十、浙江海洋可再生能源技术创新对策建议。系统提出了浙江海洋可再生能源技术创新的战略思路、重点、目标、步骤和举措，并从投入、激励、能源消纳、投资风险化解和产业化保障等方面系统提出促进海洋可再生能源技术创新的长效机制。重点建议：把海洋可再生能源产业作为浙江新一轮大发展的战略性新兴产业来培养，以海洋潮汐能、潮流能和波浪能为重点领域，从研发及示范基地、商业化推广应用、产业化方面优化布局，分三步走，将浙江打造成世界著名的海洋新能源技术研发中心、海洋能发电装备制造基地、海洋可再生能源产业化推广示范区和海洋能开发综合技术服务中心。

1.6 研究方法与创新点

本研究采用文献资料梳理、实践动态比较、跨国、跨路径研究案例分析，定性与定量分析相结合的方法，对海洋可再生能源技术创新各路径的发展阶段进行科学评价，对浙江海洋可再生能源技术创新的环境进行系统分析，在中央顶层设计框架内借鉴国内外经验提出浙江海洋可再生能源技术创新战略对策。创新点主要体现在以下几点。

（1）技术成长和技术创新的预测及评价。我们认为一种新的技术从技术原理和设想产生开始，受到研究者关注和研究，所形成的研究成果数与技术的成长具有密切的关联性。研究成果数随技术的成长呈现出低速增长、加速增长、减速增长、零增长、负增长等不同增长特征，技术成果累计数则呈现出生命周期特征。通过技术成长周期、成果累计数周期及其二者之间的时滞，来预测新技术的成长曲线；通过拐点、极值和斜率对新技术发展趋势进行预测；通过多技术预测手段的相互印证和技术创新实践的动态考察，评价各技术目前所处的成长阶段。

（2）通过案例和跨案例的研究方法，研究国内外技术创新和产业发展的动态、特点和经验，以便全面把握海洋可再生能源技术创新和产业发展的动态和规律。结合海洋可再生能源产业发展的动态和规律，从产业发展的战略方向、中期规划、政策选择方面为浙江省海洋可再生能源产业发展提出系统对策，以便使得提出的对策建立在科学的分析和论证基础之上。

（3）通过科技科技成果统计的技术创新趋势分析、成本分析和规模效益分析，结合第4章的实践案例比较分析，对海洋可再生能源技术创新阶段作出预测和评价。本研究验证显示：①潮汐能发电技术成熟，虽然成本仍高，但若能营造合理环境，潮汐能技术的商业化和产业化发展阶段已经来临；②潮流能技术有加速成熟之势，预计2020—2025年将是产业化发展的机遇期；③波浪能的规模化利用技术路径尚处于发散状态，商业化阶段尚不明朗，预计2020—2025年可能是技术突破和商业化的推进阶段；④海洋温差能与其他路径相比成本有一定优势，但其成本下降遇到了技术瓶颈，大规模利用不易，但若结合养殖和供应淡水综合开发就具有现实意义；⑤盐差能尚处于研发和设备发明期。

第 2 章　海洋可再生能源技术创新的自然资源分析

2.1　潮汐能资源分析

2.1.1　全球潮汐能资源分析

全球的潮汐能资源丰富，在全球各大洲均有分布。适合开发的潮汐能主要集中在加拿大芬地湾河口处，英国塞文河口，法国西海岸、俄罗斯鄂霍次克海和我国东南沿海五个地区，其他可开发利用的有英国的默西河口、北海、印度的卡奇湾、韩国的西海岸、澳大利亚的北海岸、阿拉斯加的库克湾和阿根廷的圣何塞湾等。1974 年联合国能源会议统计，全球海洋中所蕴藏的潮汐能约有 30×10^8 kW，可供开发的约占2%，即约 $6\,400 \times 10^4$ kW。

2.1.2　我国潮汐能资源分析

我国大陆海岸线长 18 000 余千米，岛屿海岸线长 14 000 余千米，沿海港湾、岛屿众多，沿岸拥有众多的潮汐能电站库址。可开发的潮汐能 90% 分布在浙江和福建两省以及长江口。至 2010 年，我国共进行了 4 次较大规模的潮汐能资源调查与评估（表 2－1）。

表 2－1　中国历次潮汐能资源普查系统

实施年份	主持部门	海湾（河口）数目/个	理论可开发量/ $\times 10^4$ kW
1958	水利局	500	3 584
1978	水利局	189	2 158
1986	水电部和海洋局	426	2 179.6
2004	海洋局	171	2 282.9

资料来源：武贺，王鑫，李守宏：（2015）中国潮汐能资源评估与开发利用研究进展。

1958 年，水利局勘测设计总局主持开展的第一次潮汐能资源调查中对我国近海 500 处河口和海湾的潮汐能资源进行了评估。结果表明，我国沿岸潮汐能年理论储电量为 $2\ 751.6\times10^{8}$ kW · h，理论装机容量为 1.1×10^{8} kW。其中，年发电量为 874.3×10^{8} kW · h，可开发装机容量为 $3\ 584\times10^{4}$ kW。

1978 年，由水电部水利水电规划设计院主持完成了第二次潮汐能全国普查，此次普查评估结果比之前下降了 80%，全国沿岸单坝址装机容量在 500 kW 以上的，有 156 个海湾、33 个河口，总年发电量为 618.7×10^{8} kW · h，总理论装机容量 $2\ 158\times10^{4}$ kW。1979 年，国家海洋局第一海洋研究所基于此次调研绘制的我国沿岸潮汐类型、平均潮差、最大可能潮差分布如图 2 - 1 所示。

1986 年，水电部科技司和国家海洋局科技司开展了第三次潮汐能资源评估，这次的评估是对第二次普查的补充，坝址数量对比第二次调查也增加了 184 个，达到 426 个，主要包含了对装机容量在 200 ~ 1 000 kW 的小型海湾。我国近海 200 kW 以上的潮汐能装机容量是 $2\ 179.6\times10^{4}$ kW，年发电量 624.18×10^{8} kW。但由于港湾的面积偏小，潮汐能评估总量仅增加约 1%。

2004 年，我国开始了第四次大规模的潮汐能资源调查评估，此次评估是“908”专项任务中的一部分，目的是通过对近岸海域、潮间带、海岛及沿海区域潮汐能、潮流能、波浪能、风能、海洋温差能、盐差能等海洋可再生能源相关要素的调查，摸清我国近海海洋可再生能源分布及资源蕴藏量，为以后海洋可再生能源的开发利用与规划，提供更精确的数据与技术支持。调查显示（韩家新，2014），我国近海潮汐能资源技术可开发装机容量大于 500 kW 的坝址共 171 个，年发电量约 6.26×10^{10} kW · h，总技术装机容量为 2.28×10^{7} kW。其中，大部分潮汐能资源主要集中在浙江和福建两省，其潮汐能技术年发电量为 5.68×10^{10} kW · h，可开发装机容量为 2.07×10^{7} kW，分别占全国可开发量的 90.5% 和 90.7%。

2.2 波浪能资源分析

2.2.1 全球波浪能资源分析

1986 年 Denis 利用有限的观测资料，大致分析出全球波浪能流密度分布图。2002 年，欧洲能源中心制作了全球海域波浪能分布图。

根据世界能源委员会的调查显示，全球被可利用的波浪能达到 20×10^{8} kW，几乎是目前世界电产量的 2 倍。全球海域的波浪能资源丰富，有效储量也极为可观。郑崇

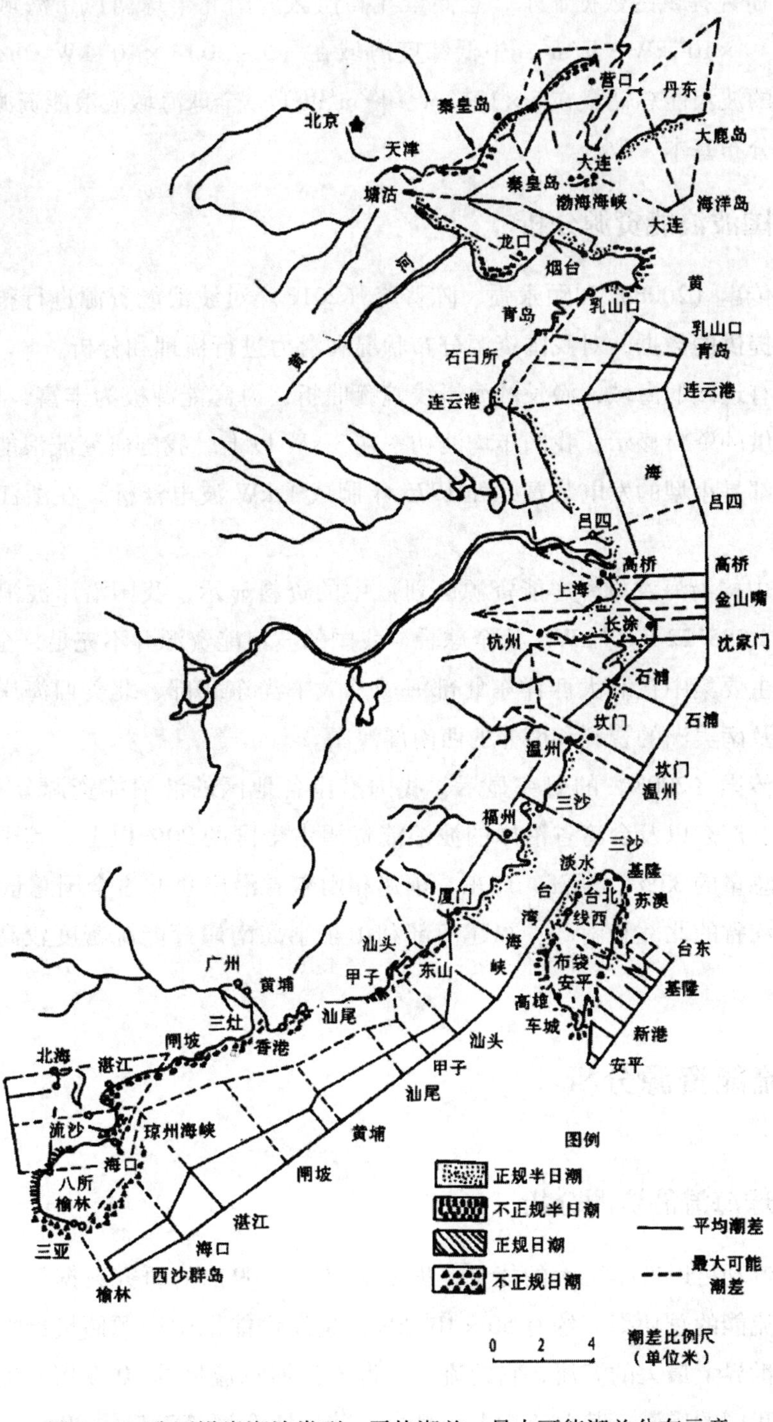

图2-1　我国沿岸潮汐类型、平均潮差、最大可能潮差分布示意

注：国家海洋局第一海洋研究所编《中国沿岸海洋水文气象概况》(1997)

伟（2013）研究提供的数据显示，总储量在高值区的南北半球西风带海域基本储值都在（30～50）$\times10^4$ kW·h/m^2，中低纬度海域在（5～30）$\times10^4$ kW·h/m^2，只有部分零星海域的波浪能总储量在 5×10^4 kW·h/m^{2}以下。全球海域波浪能资源有效储量分布与总储量分布基本一致。

2.2.2 我国波浪能资源分析

根据王传崑（2008）和顾永强、陈晋峰（2012）对波浪能资源进行整理，结合欧洲能源中心提供的数据，对我国资源分布状况和潜力进行梳理和分析。

我国拥有辽阔的海域，漫长的海岸线蜿蜒曲折，海洋能源极为丰富，根据顾永强、陈晋峰所提供的资料显示，我国年均波功率在 3 kW 以上。我国研究波浪能发电的时间较短，开始都是小型的发电装置，如 1975 年制成 1 kW 波电浮标，在浙江省嵊山岛进行试验。

根据《中国沿海农村海洋能资源区划》中的资料显示，我国沿岸波浪能资源理论平均功率为 $1\,285.22\times10^4$ kW。从全球看，我国的波浪能资源并不充足，全球波浪能流密度大值区主要集中在北大西洋东北部海域、太平洋东北部、北美西海岸、澳大利亚南部海岸以及南美洲的智利和南非的西南部海岸。

根据王传崑（2008）的研究显示，我国沿岸各地区的波浪能资源分布差距很大。浙江、福建、广东以及台湾省沿岸的波浪能资源占全国的 90% 以上。其中，台湾省沿岸约占全国总量的 33%，浙江、广东、福建和山东省沿岸总共占全国总量的 55%。西沙群岛、浙江省的北部和南部，福建南部和山东半岛南岸等能源密度较高，资源也较丰富。

2.3 海流能资源分析

2.3.1 全球海流能资源分析

海水的流动可以产生巨大的能量，据刘美琴（2009）的研究数据显示，世界各大洋中所有海流能的总功率大约有 50×10^8 kW，是海洋能源中资源储量最丰富的。墨西哥湾暖流是世界上最大的海流，它的流量是世界江河总流量的 50 多倍。世界上第二大暖流是流经我国的黑潮，其总流量大约是全球陆地所有河流流量的 20 倍。海流作为能源比普通水力更为可靠，不受枯水和洪水等水文因素影响。刘美琴（2009）对海流能利用的前景预测数据见表 2－2。

表 2-2 海流能利用的前景预测（百万吨油当量/年）

地区	2000 年	2010 年	2020 年
北美洲	0	0.8	8.5
拉丁美洲	0.3	4	10.6
西欧	0.1	4.3	4.5
独联体和东欧	0	1.4	4.9
中东和北欧	0	0.1	0.3
撒哈拉沙漠以南非洲	0	1.4	6.1
太平洋/中国	0.3	4.1	11.8
中亚/南亚	0	1.7	7.0
总计	0.7	17.8	53.7

2.3.2 我国海流能资源分析

我国海流能分布面积广，各海域均有分布，广东能源研究所对我国近海 130 个水道进行调查显示，我国沿海海流理论平均功率为 $13\,948.52\times10^4$ kW。

浙江省海流能资源分布最多，有 37 个水道，理论平均功率为 7 090 MW，约占全国的 1/2 以上。舟山发展前景是最为可观的，如金塘水道（25.9 kW/m^2）、龟山水道（23.9 kW/m^2）、西侯门水道（19.1 kW/m^2）。

台湾、福建、辽宁，占全国海流能资源总量的 42%。渤海海峡和福建的三都澳等地，具有能量密度较高，理论蕴藏量大，开发条件较好的优点。

据 2012 年国家海洋局完成的“908”专项的统计，我国近海 99 条主要水道的潮流能储电量约为 8.33×10^6 kW·h，技术可开发量为 1.66×10^6 kW·h。

2.4 海洋温差能资源分析

2.4.1 全球海洋温差能资源

在 30°N—30°S，表层海面温度较高（25～30℃），深层温度则常年维持在 4～6℃，在这其中蕴藏着巨大的海洋温差能。这两层海水温度差所形成的可以利用的理论蕴藏热量，根据卢苇（2009）提供的数据，在东半球，20°N—20°S，130°E—180°E 的海域温差最大，为 21～24℃；在西半球，110°W—160°W 和 10°W—40°W，20°N—20°S 海域的温差也很大，达到 20～22℃。全球范围内的海洋温差能为（1.3~3.0）$\times 10^{24}$ J，相当于（40~100）$\times 10^{12}$ t标准煤，大于全球煤炭的已探明储量（10×10^{12} t），数量十分庞大。

2.4.2 我国海洋温差能资源

吴文（1988）和王传崑（2009）都对我国海洋温差能资源蕴藏量和可开发量进行了整理分析与计算，据此作如下梳理和分析。

渤海：平均水深18 m，最深处不及70 m，水温状况极易受大陆气候影响。冬季各水层温度基本相同，夏季上下水层温差也较小，因此渤海并无开采利用价值。

黄海：平均水深44 m，水温状况容易受周围环境的影响，季节变化明显。冬季各层水温一致，夏季表层水温普遍升高，深层水温较低，存在温差。

东海的热量主要来源于黑潮，黑潮主干大致是在冲绳海槽上方流过，东部冲绳海槽水深200 m，水温全年受控于黑潮暖流。本区常年表层水温较高，各层水温随深度增加而递减，没有明显的温跃层出现。其余东海陆架区，水深不足200 m，水温易受大陆影响。东海黑潮流经的海面，表层水温常年保持在25℃左右，而800 m深处，水温则常年低于5℃，温差也有20℃。

平均水深4 000 m，最深4 577 m，大部分海区的全年暖层水温均在26℃以上，而且深层水温常年维持在3~5℃，温差较大且稳定，开发条件好。

2.5 盐差能资源分析

2.5.1 全球盐差能资源

大洋表层盐度主要取决于受气候控制的降水量和蒸发量之差，同时又受局部地区的影响，大致影响因素主要有蒸发、降水、融冰、支流等，其中蒸发和降水是主要的因素，而这些因素主要作用于海洋的表层，所以盐度的极值大都出现在大洋的次表层，对于大洋的深处这些影响因素作用很微弱，可以忽略不计。

根据王传崑（2009）对比各大洋的表层盐度分布情况，太平洋表层盐度大致为33~36，盐度等值线基本沿着纬度分布，盐度梯度不是太大。大西洋表层盐度在33~37，盐度的纬度梯度略低于太平洋。总之，世界海洋的盐度分布，在深海大洋的格局和数值主要由降水量和蒸发量决定，某些偏离这种格局的分布主要是大洋环流影响的结果。而海洋盐度的极值均出现在近岸河口（低值）和较为封闭的内海（高值）。

还有一种简单的测算全球海洋盐差能资源储量的测算方法，那就是用全球从海洋中蒸发又降落到地面，且最后流回海洋的淡水量，对全球的海洋盐差能储量进行了估计，主要江河口的总功率约为 10.66×10^8 kW。

盐差能是海洋能中能量密度最大的能源，据魏青山（2010）的研究数据，全世界各河口区的盐差能储量达 35×10^8 kJ。实际上，不是只有河口地区才适合建盐差能电站。高浓度盐池，例如死海、波斯湾、大盐湖（美国犹他州）和其他无数的沙漠沿海地区的盐池都可以考虑利用。

2.5.2 我国盐差能资源

经王传崑（1995）和薛鸿超（1996）对我全国沿岸盐差能储量计算显示，资源理论储量约为 3.58×10^{15} kJ，理论功率约为 114 GW。按可开发其中的 10% 计算，则全国沿岸盐差能可开发装机容量大约为 11. 4 GW。

我国盐差能资源分布特征大体可以归结为以下三点。

（1）资源分布不均。盐差能资源主要分布在长江口及其以南大江河入海口沿岸，其中长江口资源可开发装机容量为 7 022 MW，占全国总资源的 61. 84%。珠江口盐差能可开发装机容量为 2 203 MW，占全国总资源的 19. 40%。

（2）盐差能功率易受季节性影响。主要是季节和年际变化带来沿海江河入海淡水流量的改变所致。其次，上游大型水电站、水库建设等水利开发力度加大的原因。

（3）盐差能资源丰富的地区大都是经济发达、能源短缺的大型城市，可以考虑开发利用盐差能发电技术，缓解能源紧缺的问题。

2.6 浙江省海洋可再生能源技术创新的自然条件分析

2.6.1 浙江省潮汐能资源及其利用的自然条件

浙江省海岸线曲折，河口、港湾众多，主要有杭州湾、象山港、三门湾、台州湾、乐清湾、温州湾等。据赵雪华（1982）研究，浙江沿岸属于强潮海岸，平均潮差为 4. 29 m，沿海潮差自北向南逐渐增大，杭州湾口外及舟山群岛一带年平均潮差较小，只有 2. 00 ~ 2. 50 m，南部港口年平均潮差在 4. 00 m 以上。浙江全省潮汐能的理论蕴藏量每年约为 8.63×10^{10} kW · h，理论装机容量约为 $2\ 897 \times 10^4$ kW，浙江省境内各港湾及河口潮汐能资源估算见表 2 – 3。

表 2－3　浙江省主要港湾、河口潮汐能资源估算

港湾及河口	理论装机容量/ $\times10^4$ kW	理论蕴藏量/ $\times10^8$ (kW·h/a)
杭州湾	1 560.00	465.00
象山港	200.00	59.00
三门湾	638.00	191.00
乐清湾	212.00	63.20
大渔湾	43.00	13.00
南关湾	16.50	4.87
浦坝湾	52.00	15.40
甬江	5.16	1.54
椒江	43.30	11.70
瓯江	68.50	20.60
飞云江	42.70	12.80
鳌江	12.50	3.60

资料来源：赵雪华．浙江省潮汐能利用调查研究报告［R］．能源工程，1982（2）：6－10。

张海生（2013）的研究资料显示，浙江省潮汐能电站站址有 19 个，蕴藏量为 964.36 $\times10^4$ kW·h，理论发电量为 844.36 $\times10^8$ kW·h；技术可开发容量 856.85 $\times10^4$ kW，年发电量 37.5 $\times10^8$ kW·h，居全国第二。

2.6.2　浙江省波浪能资源及其利用的自然条件

浙江省沿海海域波浪能较为丰富，但有分布不均的问题。根据王传崑（2009）研究提供的资料显示，浙江省沿岸理论平均波功率以中部（大陈）区段最多，为 125 $\times10^6$ kW，占全省总量的 61.3%。其次，是北部（嵊山）区段，即舟山群岛外围，为 4.59 $\times10^6$ kW，南部（南麂）区段最少，为 33.6 $\times10^5$ kW。中部波功率密度为 6.29 kW/m^2，南部波功率密度为 2.82 kW/m^2，北部波功率密度为 2.76 kW/m^2。

波浪能资源在浙江省东北部海域较为丰富，但是稳定性较差，杭州湾和海岸线附近内的波浪能稳定性则很好，但是利用难度较大。舟山群岛附近的海域波浪能资源充裕，稳定性很好，岛屿众多，适合开发波浪能。南部海域海岸线波浪能较少，不适合波浪能的开发。

根据《浙江海洋环境资源调查》提供的资料显示，浙江省近海离岸 20 km 区域内波浪能蕴藏量为 197 $\times10^4$ kW，理论发电量 172 $\times10^8$ kW·h，技术可开发容量 191 $\times10^4$ kW，年发电量 168 $\times10^8$ kW·h，居全国省区第四。

2.6.3 浙江省海流能资源及其利用的自然条件

浙江舟山群岛是世界上潮流能最丰富的地区之一。从2012年开始，我国开始加大海洋能海上试验场建设的投入力度，并规划建设山东威海、浙江舟山、广东万山三大国家海洋能试验场及示范基地。其中舟山侧重于潮流能试验，在普陀山岛和葫芦岛之间海域建设潮流能试验场，这一海域潮流能平均能流密度为1.5 kW/m^2。

根据《浙江海洋环境资源调查》提供的资料显示，浙江省具有开发价值的潮流水道37条，蕴藏量为519×10^6 kW · h，开发价值居全国省第一。

2.6.4 浙江省盐差能资源及其利用的自然条件

浙江省境内主要入海河流有钱塘江、瓯江、椒江、飞云江等。韩家新（2015）提供的资料显示，钱塘江口盐差能年平均蕴藏量为287×10^4 kW，最大516×10^4 kW，2008年实测资料计算钱塘江口平均盐差能蕴藏量为169×10^4 kW。瓯江口盐差能多年平均蕴藏量为146×10^4 kW，最大为147×10^4 kW，最小为81.6×10^4 kW。瓯江口2009年实测资料计算盐差能资源蕴藏量的大致数据见表2-4。总的来看，浙江盐差能资源有一定开发价值，但资源优势不明显。

表2-4 瓯江口2009年实测资料计算盐差能资源蕴藏量

季节	春季	夏季	秋季	冬季	年平均
河口外海水温度/℃	14.84	25.62	23.60	10.02	18.52
河口外海水盐度	26.12	26.11	27.08	24.12	25.86
流量/（m^2/s）	381.15	602.02	257.62	127.50	342.07
蕴藏量/$\times10^4$ kW	76.4	125.1	55.2	23.2	68.8

资料来源：韩家新. 中国近海海洋——海洋可再生能源［M］. 北京：海洋出版社，2015.

《浙江海洋环境资源调查》提供的资料显示，浙江省主要河流入海口盐差能蕴藏量为3.46×10^6 kW，理论发电量3.03×10^{10} kW · h；技术可开发容量3.46×10^5 kW，年发电量1.5×10^9 kW · h，居全国省区第四。

2.6.5 浙江省海洋温差能资源及其利用的自然条件

浙江东海海域水温分布复杂，冬半年基本上呈垂直均匀型，无温差资源。夏半年水温分布层化，但区域差别较大，因而从平均效果看，层化现象不太明显。总体来看，浙江省能够有效开发的海洋温差能资源十分有限。

2.7 小结

全球海洋可再生能资源储量和可开发量都非常巨大，资源开发利用是发展清洁能源，降低温室气体排放的重要方向。

随着技术创新的成熟，海洋可再生能源产业必将成为海洋战略性新兴产业。技术创新先进国家和地区在技术成熟期来临之际，不仅能加快本地的资源开发和环境改善，而且可以率先完善海洋可再生能源产业链，获得产业发展的先机，形成新的经济增长点。

资源分布不均衡、开发条件差异大是海洋可再生能资源分布的重要特征。因此，不同的各国家和地区在海洋能技术创新的自然条件差异较大，因地制宜、有重点地选择技术创新路径显得非常必要。

我国海域面积大，资源分布较广，岛屿众多，海岸线长，从全国范围来讲，各种资源都具有分布集中、应用条件良好的空间，我国海洋可再生能源技术创新具有全面研发、实验和推广的良好自然条件。

浙江省沿海潮流能、潮汐能资源丰富，开发条件良好；波浪能和盐差能优势也比较大，具有技术创新的必要条件。

第3章 海洋可再生能源技术创新路径分析

3.1 潮汐能技术创新路径分析

3.1.1 潮汐能形成的科学原理

潮汐现象是海水在月球和太阳引力作用下所产生的周期性运动。潮汐现象有两种表现形式，一种为垂直方向上的升降，一种为水平方向的进退，两种表现形式受同一规律支配。潮汐水位随时间而变化的过程线，称为潮位过程线。每次潮汐的潮峰与潮谷的水位差，称为潮差。潮汐这次高潮或低潮至下次高潮或低潮相隔的平均时间，称为潮汐的平均周期，一般为 25 min/12 h。

潮汐的涨落现象的形成原因非常复杂，并且会因为时间地点的不同而发生变化。但从涨落的周期来看，潮汐可以分为以下三种类型。一是半日潮：大部分潮汐涨落在 50min/24h 内有两个周期，也就是说，会出现两次高潮和两次低潮。这种半日完成一次潮汐周期的叫“半日潮”。半日潮的特点是相近的两个潮汐的高潮和低潮的潮高大体相等，涨落潮时也大体相等。二是全日潮：在一个太阳日内只有一个周期的潮汐。这种一日只有一次高潮一次低潮的潮汐为“全日潮”。三是混合潮：混合潮是半日潮和全日潮之间的过渡潮汐形态。

潮汐又分为“不正规半日潮”和“不正规全日潮”。中国黄海、东海沿岸多数港口属半日潮海区，例如上海、青岛、厦门等地区的沿海区是典型的半日潮海区；有些地方如北部湾地区属于全日潮海区；中国南海海区多数地方属于混合潮。

海洋潮汐导致海洋水平面周期性地升降，海水周期性涨落运动中所具有的能量称为潮汐能（tide energy）。其水位差表现为势能，其潮流的速度表现为动能，这两种能量都可以利用，是一种环保的、取之不尽用之不竭的可再生能源。潮量和潮差越大则潮汐能的能量越大。在涨潮时，上涨的海水具有很大的动能，退潮时把海水的势能转换为动能。一般来说，平均 3 m 以上的潮差的潮汐能才有实际应用价值。但是，与水力发电相比，潮汐能的能量密度较低，仅相当于微水头发电的水平。

3.1.2 潮汐能开发利用方式

早在11世纪，英国、法国和西班牙就已有了潮汐能水车，当时的潮汐水车被用来吸取总潜能中的一小部分能量，生产30～100 kW的机械能。

由于在海水的各种运动中潮汐最具规律性，又涨落于岸边，也最早为人们所认识和利用，在各种海洋能的利用中，潮汐能的利用是最成熟的。由于电能具有便于传输、使用方便、受众面广等一系列优点，因而利用潮汐能发电已成为世界各国利用潮汐能的基本方式。

潮汐能利用的主要方式是发电。潮汐能发电与普通水力发电原理基本相似，涨潮时将海水储存在水库内，在退潮时放出海水，利用水库与海水的水位差，使水轮机旋转，带动发电机发电。潮汐能发电与普通水力发电的差别在于，海水蓄积的落差虽然不大，但流量一般较普通水力大，并且其间歇性有规律可循，所以潮汐能发电的水轮机结构要充分考虑低水头、大流量的具体特点。

潮汐能发电，具体说就是在有条件建造潮汐能电站的海湾或河口建筑堤坝、闸门和厂房，使海湾或河口与外海隔开形成水库，同时在坝内或发电站厂房安装水轮机发电组。通过对堤坝水闸进行调节来调节水库内的水位变化，使得库内水位与海水形成高度差，从而驱动水轮发电机组发电，将水的势能和动能转换为电能。

3.1.3 潮汐能开发利用的科技原理

潮汐能发电主要是利用潮汐的位能发电，也被称为潮位发电，是目前应用较多的形式。利用潮汐的动能对潮汐能的利用率非常低，目前应用较少。

潮位发电，就是利用海水涨落及其所造成的水位差来推动水轮机，再由水轮机带动发电机来发电。潮汐能发电与普通水力发电类似，但一般的水力发电的水流方向是单向的，而潮汐能发电则是双向的。从能量转换的方面来说，首先潮汐能发电是把潮汐的动能和势能通过水轮机变成机械能，之后水轮机带动发电机，把机械能转变为电能。利用潮位发电必须具备两个物理条件：一是潮汐的幅度必须大，一般要大于3 m；二是建潮汐能发电站的海湾或河口必须能够储蓄大量海水，且可进行土建工程。

3.1.4 潮汐能发电技术创新路径

一般河水的流向是单向的，但潮汐是不断变换方向的，因此在潮汐能发电主要形成三种技术路径：单水库、双水库和无库式。无库式潮汐能电站的发电原理突破了常规潮汐能利用势能发电的方式，无需建立水库，直接利用海水的动能来发电。所以，这种发电技术通常也被归类于海流能发电技术。因此，潮汐能发电的技术路径一般认为是单水库和双水库两种。

1）单水库发电技术路径

单水库潮汐能电站只筑一道堤坝和一个水库，其中又分为两种类型：一种是只能在落潮时发电的单库单向型；另一种是在涨、落潮时都能发电的单库双向型。

单库单向运行发电方式只有一道堤坝和一个水库，在海水涨潮时使海水进入水库，落潮时利用水库的高水位与海平面的水位差推动水轮机发电。此种发电方式不能实现连续发电，浙江省温岭市潮汐能电站就是这种类型。

单库双向运行发电方式，利用水库的特殊设计和水闸作用既可涨潮时发电，又可以在落潮时运行。此种发电方式与单库单向型潮汐能电站相比来说潮汐能利用率大大提高了。东莞镇口潮汐能电站及温岭江厦潮汐能电站，都是这种形式。

2）双水库发电技术路径

双水库潮汐能电站建有两个相邻的水库。这其中又包括双库单向运行发电和双库双向发电两种类型，两种方式都可与抽水增能发电方式相结合。

双水库发电技术建有两个相邻的水库，水轮机发电组建在两水库之间的堤坝内，一个水库在涨潮时进水形成高位，另一个水库则在退潮时泄水形成低位，这样在两水库之间始终保持一个水位差，以此来推动水轮机发电组发电。因此，双水库潮汐能电站才能实现整日连续发电。

抽水增能发电方式：上述运行方式中均存在着停止发电期，只要水位低于水轮机最小发电水头则发电就会停止。停止发电时期，水坝两侧的水位非常接近。如果此时开始抽水进库，或抽水出库，就可以继续发电了，而且发电量也会大大增加。虽然抽水时需要耗费一定的电量，但根据实际计算，发电量为耗电量的2倍以上。现有水轮机在技术上已经不仅仅具备发电功能，还拥有抽水、排水、过流功能。所以在利用抽水增能发电方式时不用额外增加设备，这样也节约了设备成本。

3.2 波浪能技术创新路径分析

3.2.1 波浪能的科学原理

海洋表面波浪所具有的动能和势能被称为波浪能。波浪是海洋表层海水在风力作用下产生的，水体相较于海平面位移使波浪具有势能，水质点运动使波浪具有动能，储存的势能和动能通过摩擦和湍动而消散。波浪能实际上是吸收了风能而形成的，风吹过海洋时产生风波，风波中的能量在海水中进行能量转换。波浪的能量与波高的平方、波浪的运动周期以及迎波面的宽度成正比。波浪能的能量大小不仅和风速相关，也和风区的范围有关。由于波浪能受各种气候条件的影响较大，且风能本身不确定性大，因此波浪能也成为蕴藏在海水中最不稳定的一种能源。台风导致的巨浪，其功率密度可达每平方米迎波面数千千瓦，而波浪能丰富的欧洲北海地区，其年平均波浪功率也仅为 20 ~40 kW/m^2。

3.2.2 波浪能开发利用方式

波浪能利用的主要方式是发电。另外，波浪能利用还有抽水、供热、海水淡化、制氢等开发方式。波浪能利用的局限性在于大洋中的波浪能难以提取，可供利用的波浪能仅局限于靠近海岸线的海域。

3.2.3 波浪能发电的基本技术原理

波浪能发电最基本的原理是，波浪使装置工作并带动发电机发电，将储存于水中的动能和势能转化为电能。通常经过三级转化才能实现波浪能向电能的转换：第一级是受波体吸收波浪能；第二级是将不稳定的波浪能转变为稳定的能量；第三级是由发电装置将稳定的能量转化为电能。并非所有转换装置都必须经过三次转换，第二次转换有时可以省略。

波浪能发电装置（系统）通常可以分为三部分：第一部分为波浪能采集系统，作用是收集波浪的能量；（波浪能—机械能）；第二部分为机械能转化系统，作用是把收集到的波浪能转化为某种稳定的机械能（一般是将其转换成某种工质如空气或水的压力能，或者水的重力势能）（机械能—液压能—机械能）；第三部分为发电系统，用涡轮机（也叫透平，可以是空气涡轮机或水轮机）等设备将机械能作用到发电机，从而转换为电能（机械能 - 电能）（图 3 -1）。

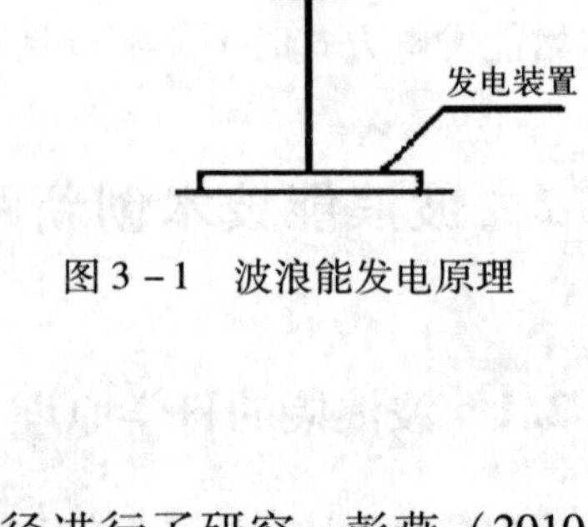

图 3 -1　波浪能发电原理

3.2.4 波浪能发电技术创新路径

张丽珍（2011）曾以分类的方式对波浪能的技术路径进行了研究，彭燕（2010）

研究了磁流体波浪能发电的新路。根据中国海洋能技术研究中心提供的信息，将波浪能发电的技术路径梳理如下。

1）振荡水柱式波能装置（OWC 技术）

振荡水柱式波能装置的介质是空气，气室为一级能量转换机构，空气透平为二级能量转换机构（图3－2）。振荡水柱式波浪能发电装置依靠水柱在波浪驱动下的上下循环运动将高速空气的动能转换为电能。振荡水柱式波浪能装置与其他波浪能装置的不同之处就是具有气室。

2）摆式波能装置

摆式波能装置是依靠波浪使摆体发生的前后或上下摆动，将波浪能转化为摆体的动能（图3－3）。通过与摆轴相连的液压装置，将摆体的动能转化成液压泵的动能，从而带动发电机发电。

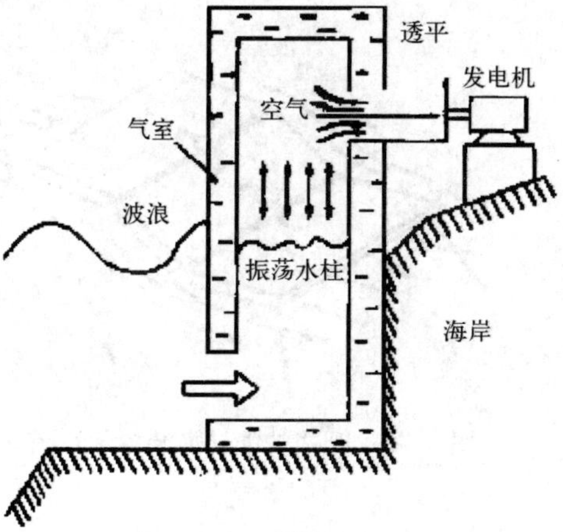

图3－2 振荡水柱式波能发电示意图

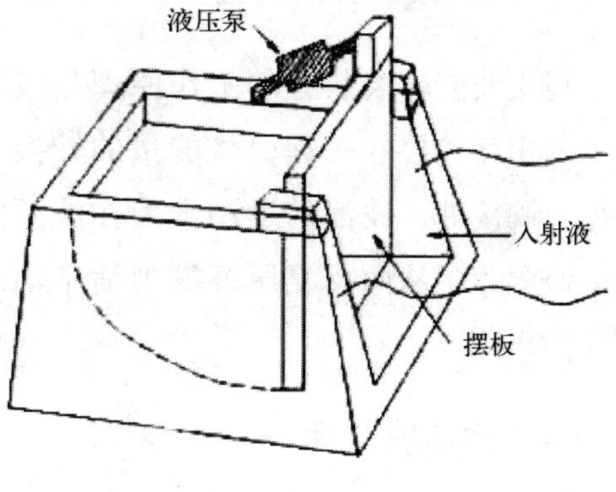

图3－3 摆式波能发电装置

3）聚波水库波能装置

聚波水库装置的工作原理是，先设置形成供海水进入的喇叭形收缩波道，波浪在逐渐变窄的波道中波高不断增加，直致波峰高过边墙将波浪能转化成势能储存在储水库中（图3－4）。

4）振荡浮子式波能装置

振荡浮子式波能装置是在振荡水柱式装置基础上发展起来的。该装置由浮子、连杆、液压传动装置、发电机和保护装置几部分组成（图3-5）。该装置的优点是不仅转换效率提高了，而且减少了水下施工的不便，建造相对容易，成本相对低廉。

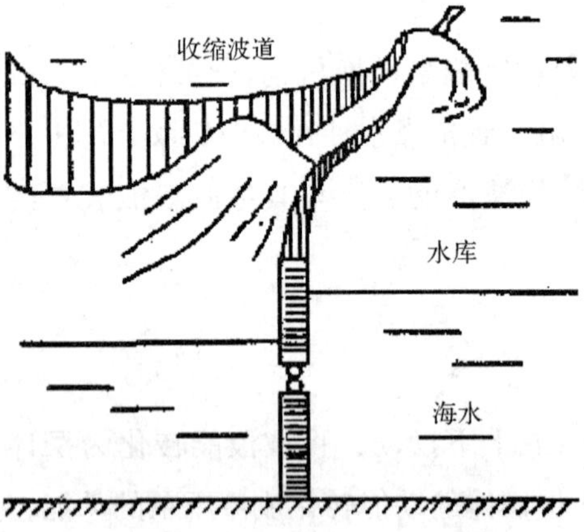

图3-4　聚波水库波能发电装置

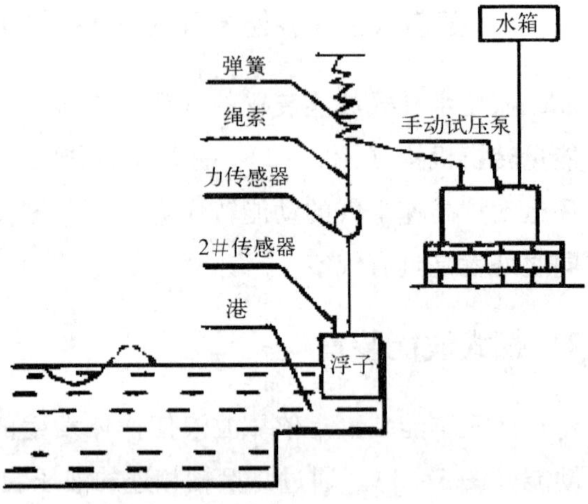

图3-5　振荡浮子式波能转换装置示意图

5）阀式波能转换装置

阀式波能转换装置的工作原理是波面阀通过铰链相互铰接在一起，将能量的转换装置置于每一铰接处，波浪的运动致使在波面阀沿着铰接处弯曲，从而反复压缩液力活塞输出机械能（图3-6）。

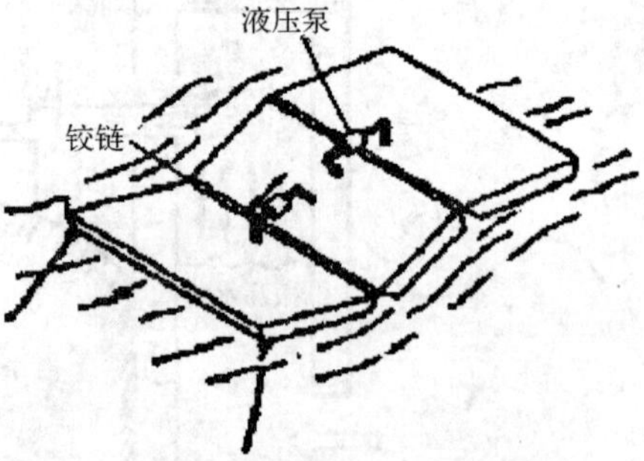

图3-6　阀式波能转换装置示意图

6）“点头鸭”式

“点头鸭”式波浪能发电装置因其形状和运动特性类似于鸭子的运动而得名，鸭式波浪能装置具有一根垂直于波浪传播方向安装的转轴，且装置还可以根据波浪的实际情况而调节，以提高波浪能的利用效率。目前较为成功的波浪能装置有“点头鸭”式波能转换装置。

7）柔性直驱式浪轮发电装置

柔性直驱式浪轮发电装置是基于浪轮进行能量吸收的波浪能、潮流能集成捕获的发电装置。2015年，上海海洋大学的柔性直驱式浪轮发电装置样机在上海电气临港重型机械装备有限公司码头开展了海况试验。

8）磁流体波浪能发电技术

磁流体波浪能发电是利用波浪的能量来作用磁流体发电机中的发电工质，切割磁力线，产生电能。目前主要有两种磁流体波浪能发电机，一种是利用海水为发电工质，另一种是利用高电导率的液态金属为发电工质。

上述装置中，振荡水柱式波能转换装置是在实际情况下采用较多的装置，它的优点是波浪能装置的结构具有较好的可靠性，缺点是装置的转换效率较低，投资所需费用过高。因此，在一些波浪能密度较高的国家和地区，如欧洲、日本、北美得到广泛的应用。然而，在一些波能密度较低的国家，如我国则不能采用这种效率低下、成本过高的的装置，而是要降低成本，提高效率。这才是我国波浪能发电装置走向市场的关键。

表3－1　一些波浪能发电装置的优缺点及适用场合

装置名称	优点	缺点	适用场合
振荡水柱式	采用空气传递能量；没有水下活动部件；传递方便；通过气室将低速运动的波浪能量转换成高速运动的气流；可靠性好	建造费用昂贵，转换效率低（10%～30%）；发电成本高	适用于大风浪区域
摆式	成本略低；转换效率较高	可靠性较差；极易损坏；维护较为困难；转换效率较高但不稳定	适用于在防波堤上的大型发电装置
聚波蓄能（水库）式	可靠性好；维护费用低；系统出力稳定；不受波高和周期的影响	对地形和波道有严格的要求，不易推广	适用于地形狭窄区域
振荡浮子式	建造难度和成本比其他波浪能装置低，建造相当简单；吸收波浪能的效率较高	浮子受过多的冲击，易损坏	由于占较小位置，适用于为一些灯塔、浮标提供电源
阀式	理想状况下，转换效率较高	系泊困难，波面阀制造费用较高	适用于波能密度较大的海域
“点头鸭”式	构思巧妙；原理完美；理想运行下，效率高（接近90%）	结构复杂；过多部件暴露在海水中；装置可靠性差；极易损坏	适用于理想海况，波浪规律的场合
柔性直驱式浪轮发电装置	建造设施简单，成本相对较低		适用为大型海洋观测浮标供电及渔排供电
磁流体波浪能发电技术	避免了机械能转换电能的步骤，发电效率提升且更加可靠		为并入电网提供可靠的电能

3.3 海流能技术创新路径分析

3.3.1 海流能形成的科学原理

海流主要是指海底水道和海峡中较为稳定的流动以及由于潮汐导致的有规律的海水流动。海流能是海流中所储存的动能。海流能发电与潮流能发电原理相同，所不同的是海流能发电装置安装的位置在海水较深。潮流能是因海水产生周期性往复运动所具有的能，主要集中在某些狭窄的海峡或海湾。海流和潮流发电装置类似，一般统称为海流能发电。海流能发电机是将海流的动能转换成电能的装置，工作原理与风力发电类似。海流能作为可再生能源的一种，同波浪能、海洋温差能和盐差能等海洋能源正日益受到国内外的重视。

3.3.2 海流能开发利用方式

在古代，人类借助海流的力量来助航，即“顺水推舟”。现代人造卫星遥感技术可以测定各海区的海流数据，从而为轮船在海洋上航行提供最佳航线导航服务。本节主要研究海流能发电。

3.3.3 海流能发电的基本技术原理

海流能发电原理与风力发电、水力发电原理类似，是利用海流来作为介质来推动水轮机发电。海流能发电技术，包括管道导流的水轮机和类似风车桨叶机械原理的装置。花环式海流能发电站是一种有许多转轮连接在一起，且安装在两个固定的浮体之间，在海流冲击下呈半环状张开的电站。英国科学家法拉第还提出了利用海流切割地球磁力线做功来发电，但因地球磁场强度很弱，一般认为这种发电方式所产生的电流强度较弱，难以为人们提供经济的电力。但是超导材料的出现为这种本不被看好的方式提供了希望，因为利用超导材料所制成的超导磁体可以获得高强度的磁场。

3.3.4 海流能发电技术创新路径

海流能发电装置的支撑方式的分类主要有三种：①重力支撑（gravity base），是由钢和混凝土固定在海床底部；②桩支撑（mono－pile，piled jacket），通过定位、转孔、灌浆、单个或双个桩；③浮体支撑（floating），在深海中将其固定在浮体上。海流能发电机有轴流式和垂直式两类。

1）轴流式海流能发电机

轴流式海流能发电机可分为敞水型水平轴桨叶海流能发电装置和扩张型涡轮潮流发电装置两类。敞水型水平轴桨叶海流能发电装置与顺风式风力机发电原理类似，或称桨叶式海流能发电机。桨叶式海流能发电机在国外有典型的案例，是英国研制的一种名为“SeaGen”桨叶式潮流发电机，涡轮安装在柱桩上，柱桩固定在海底。扩张型涡轮潮流发电装置是一种把叶轮安装在水平扩张导流管内，利用导流管对水流进行加速的发电装置，这样叶轮的输出功率会提高。扩张型导管涡轮式潮流发电机已有成功案例。

2）垂直式海流能发电机

漂浮式立轴潮流发电机的能量转换采用垂直轴风力机风轮结构。当海水流动时，叶轮会被水推动旋转，同时带动发电机发电。因叶轮的转轴与水面垂直，故又被称为竖轴或立轴潮流发电机。

3.4 海洋温差能利用的技术创新路径分析

海洋温差能的开发与利用是一个涵盖多个学科的综合性问题，涉及机械设计与制造、空气动力学、流体力学、物理学、数学模型、计算机模型、海洋科学等多个领域。

3.4.1 海洋温差能的科学原理

海洋温差能是指海洋深层海水和表层海水之间的温差储存的热能，其实质是太阳能的一种形式。海洋温差的形成是因为太阳光辐射在海水表层，并以太阳能的形式存储，使海水表层温度升高。一般来说，海洋能具有密度低和不稳定的特点，但海洋温差能是海洋能中能量最稳定、密度较高的一种。

3.4.2 海洋温差能开发利用方式

海洋温差能发电是海洋温差能主要的利用方式，海洋温差能利用潜力巨大，但目前的开发利用效率并不高，还处在实验阶段，并没有形成产业化的经济效益。此外，海洋温差能发电的同时还可以制造淡水。

3.4.3 海洋温差能发电的基本技术原理

海洋温差发电的基本原理，是利用海洋表层的温水致热某些低沸点工质使其汽化，或通过降压使其汽化来推动汽轮机发电，同时从海底提取冷水使做功后的乏汽冷凝，并使其重新转化为液体，从而形成一个循环。海洋温差能发电的技术基础主要是热交换器和洛伦兹循环。

3.4.4 海洋温差能发电技术创新路径

海洋温差发电创新路径主要有开式循环系统、闭式循环系统和混合式循环系统3种。

1）开式循环系统技术路径

开式循环系统直接将温海水导入真空状态的蒸发器，蒸发产生的水蒸气在低压涡轮机内进行绝热膨胀做工，待其做完功后再进入冷凝器，由冷海水将水蒸气冷却成液体（图3-7）。水蒸气冷凝的方法一般有两种：一种是将水蒸气直接混入冷海水中；另一种是使用表面冷凝器，则水蒸气不直接与冷海水接触，该法还附带生产淡水。

2）闭式循环系统技术路径

闭式循环发电系统，以一种对管道设备没有腐蚀且低沸点的流体——丙烷代替海水。丙烷的沸点在常压下仅为-42.17℃，25℃的海水可以使丙烷在常压下就能迅速蒸发气化（图3-8）。闭式循环发电系统的发电效率比开式循环提高了许多，它的优点是：可采用小型涡轮机，选择的发电装置可以实现小型化；减少了电力消耗。闭式循环系统的缺点是：蒸发器和凝汽器都采用表面式换热器，金属消耗量巨大，维护困难相对大。

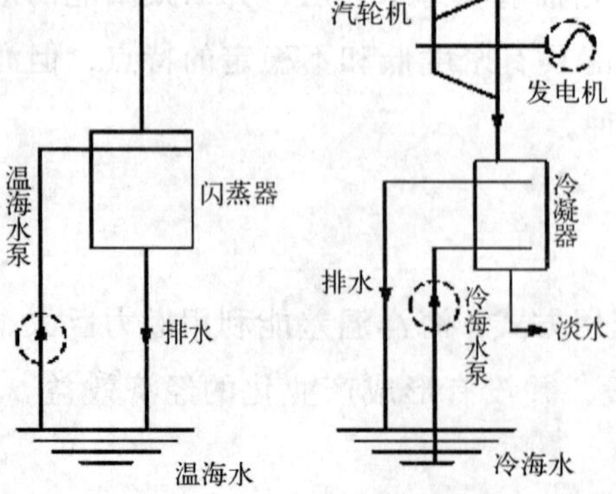

图3-7 开式循环原理图

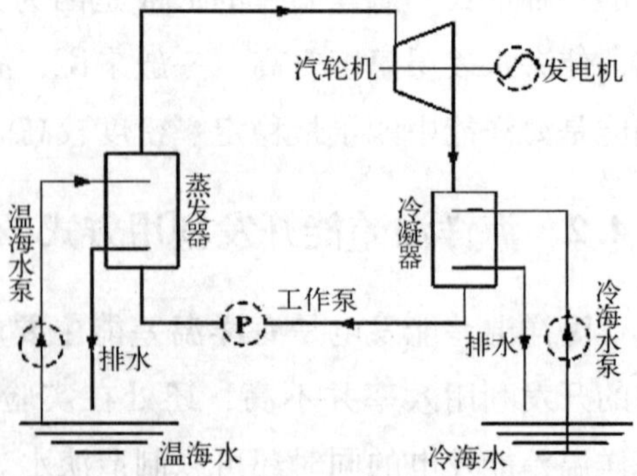

图3-8 闭式循环原理图

3）混合式循环系统技术路径

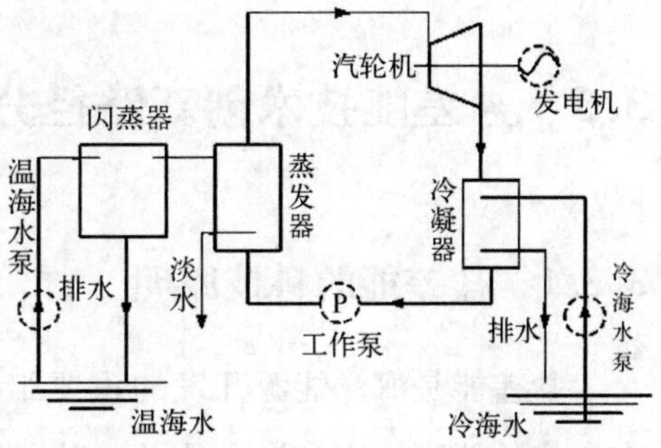

图3-9 混合式循环原理图

混合式循环系统类似于封闭式循环系统，不同部分主要是蒸发器。混合式系统采用闪蒸蒸发器。混合式发电系统的主要目的在于防范和避免温海水对热交换器所产生的生物附着（图3-9）。该系统也可以产出淡水，同时可以规避开式发电系统的低容量这一缺陷。

4）三种循环技术创新路径比较

通过上面的梳理，对三种循环技术创新路径通过列表的形式进行比较见表3-2。

表3-2 海洋温差能技术创新三种循环创新路径比较

技术名称	开式循环系统	闭式循环系统	混合循环系统
发电原理	该循环系统使温海水在特定的条件下闪蒸汽化，产生蒸汽。蒸汽进入汽轮机推动汽轮机做功，乏汽进入冷凝器，受冷凝结成水，由冷凝水泵排出	使用低沸点流体（比如氨等）代替水作循环的工质，低沸点工质吸收温海水的热量汽化，工质蒸汽进入汽轮机，推动汽轮机发电，乏汽进入冷凝器，冷凝成液态工质，由工质泵升压打进蒸发器开式循环工作	保留了闭式循环的整个回路，但不是将温海水通进蒸发器去加热低沸点工质，而是用温海水减压闪蒸出来的蒸汽作为蒸发器的热源，结合开式循环系统和闭式循环系统
循环系统优势	设备优势和附产品优势； 设备结构简单，金属耗量少，成本低维护极其方便； 循环系统中产生淡水	突破开式循环中的单机容量受限的问题； 缩小了汽轮机的体积； 减轻了从系统中抽取不凝结气体的负担	整体改善了开始循环系统和闭式循环系统的弊端
循环系统劣势	增加抽除不凝结气体的负担； 汽轮机体积庞大，单机功率受到限制	必须使用体积巨大的表面式蒸发器和冷凝器，增加维护难度； 表面式蒸发器和冷凝器的使用，传热面会玷污，减少有用温差，影响系统发电能力； 不产生淡水，经济价值较低	混合式循环系统在整体上增加了海水闪蒸器汽化这一环节。消耗了部分海水温度，从而发电量减少

3.5 盐差能技术创新路径分析

3.5.1 盐差能的科技原理

盐差能是海洋能源开发的重要组成部分。在入海口处，海水与流入海中的淡水存在一定的盐度梯度，形成盐差。盐差的存在储存着一定化学能。盐差能是两种含盐浓度不同的水体之间的化学电位差能，是海洋可再生能源中能量密度最大的一种。

3.5.2 盐差能利用方式

盐差能利用的主要方式是发电，其工作原理是将不同盐浓度海水之间的化学电位差能转换成水的势能，再驱动水轮机发电。

3.5.3 海洋盐差能发电技术创新路径

盐差能技术创新的技术路径，主要有渗透压法、反电渗析电池法与蒸汽压差法3种。

1）渗透压法

在河海交界处，采用半透膜将海水和淡水隔离，淡水通过半透膜向海水一侧渗透，使海水一侧的高度超过淡水一侧，这种高低水位差就可以用来发电。渗透压发电装置通常有强力渗压发电、水压塔渗压发电和压力延滞渗压发电几种类型。

2）反电渗析电池法

渗析电池法也称浓淡电池法，这种电池的渗透膜采用阴离子渗透膜（只允许阴离子通过）和阳离子渗透膜（只允许阳离子通过），将淡水与海水隔离，只允许一种离子通过。在淡水与海水中各置一电极，两极间就会产生电动势。将这种电池加以串联和并联，就可以获得强大的电能。

3）蒸汽压差法

蒸汽压差法就是利用在相同的温度下，盐度高的海域蒸汽压低、盐度低的海域蒸汽压高的这一原理进行发电。蒸汽压差法目前科学家被认为是最有前途的开发盐差能的方法。

3.6 小结

潮汐能、波浪能、海洋温差能、盐差能和海流能等海洋可再生能源技术创新都具有多路径创新的特点。多路径特点在给技术创新提供多种机会选择的同时，也增加了技术创新的难度和创新成本，创新路径收敛到一种或少数种类一般是技术走向成熟的重要标志，技术创新新路径对原有路径的替代是技术创新突破的重要标志。

潮汐能发电技术原理简单，根据各地自然资源状况可选择单水库或双水库技术路径，技术路径明确。

波浪能技术复杂，技术创新路径复杂多样，新技术路径不断出现，原有技术路径尚在不断演进，各技术路径创新设备均在不断开展海况实验和测试，技术创新路径尚处于发散状态。

海流能技术创新原理类似于风力发电，主要的技术路径为轴流式和水平式两类，目前应用的技术主要采用轴流式技术。

海洋温差能发电技术创新原理主要是传统的热力发电原理，技术基础主要是热交换器和洛伦兹循环。开式循环系统比较成熟。

盐差能技术创新主要有渗透压法、反电渗析电池法与蒸汽压差法 3 种，目前研发和应用中以渗透压法为主。

第 4 章 海洋可再生能源技术创新与环境的关系分析

海洋可再生能源技术创新必然以资源的大规模开发为最终成功目标，海洋可再生能源技术创新和资源开发与环境总是密不可分的。李书恒（2005）、黄军辉（2010）、沈东芳（2014）在潮汐能发电项目与环境关系方面进行了研究；顾永强（2011）在波浪能发电项目与环境关系方面进行了研究；刘小龙（2008）、王军（2013）、王立（2011）、田应元（2010）在海流能发电项目与环境关系方面进行了研究。本部分是在前人研究文献的基础上，对海洋可再生能源开发与环境的关系进行了梳理和分析。

4.1 技术创新项目选址对自然环境的依赖性分析

由于海洋可再生能源资源具有分布不均衡和其开发利用条件较高的特点，各海洋可再生能源技术创新项目实验示范对环境的选择也有自己的特殊要求，对海洋自然环境具有明显的依赖性，所以利用海洋可再生能源发电对自然条件要求都比较高。

4.1.1 潮汐能项目选址对自然环境的依赖性分析

由于深海大洋中的潮差一般较小，因此潮汐能的利用主要集中在潮差较大的浅海、海湾和河口地区。发电选址非常重要，对自然条件有较强的依赖性，重点研究以下条件。

潮汐条件：潮汐能电站选址最主要考虑因素是潮汐条件。一般利用潮汐能发电，潮差不应小于 5 m。

地貌条件：潮汐能电站选址应选择那些口小而库域面积大的区域，这样做可以储备足够的海水，还有利于土建工程施工。因湾中湾区域受外海风浪的作用较小，海区泥沙运动较弱，库区淤积相对缓慢，被认为是最为理想的选址。

地质条件：电站选址应尽可能在软黏土层较薄且下面为不易压缩的基地，基岩地质被认为是潮汐能发电最理想的选址。

工程、水文条件：在站址选择时应考虑到大坝总长度、厂房位置、地震情况、航道、鱼道设施要求等工程条件，还应考虑水库规模、挡水建筑物对风和波浪的方位、挡水建筑物轴线平均水深、潮流和截流的流速等水文条件。

4.1.2 波浪能项目选址对自然环境的依赖性分析

波浪能项目实验示范对海岸线资源具有较强的依赖性，一般可供利用的波浪能资源仅仅局限在靠近海岸线的区域。波浪的取能工程，不管是离岸式还是漂浮式的波浪能转换装置，都会造成海岸线资源的减少。

波浪能开发选址对能流密度具有较大的依赖性。选址应当位于能量密度较大、分布平稳的海域。波浪能电站选址不仅要考虑波浪，还应兼顾海流的影响。海流在海洋工程中有关站址的选址、水工建筑物和航道布置、抛泥地的选择、作用于水工建筑物上的水流力和船舶系靠力，以及泥沙淤积和冲刷等问题都起着重要的影响作用。

4.1.3 海洋温差能项目选址对自然环境的依赖性分析

海洋温差能项目实验示范对自然环境的要求主要是深层冷海水和表层温海水的温差要在20℃以上才有开发的价值。

从中国南部海域看，南海海域位于北回归线以南，是典型的热带海洋，太阳辐射强烈，表层水温常年可以维持在25℃以上，而500～800 m以下的深层海水温度则降至5℃以下，表层水温与深层水温的温差为20～24℃，海洋温差能资源非常丰富。

从我国北方海域来看，夏季时表层海水温度可达30℃，而在40～50 m深的海域，水温便可以降到10℃以下，温差达20℃左右。东海黑潮流经的海面，表层海水的温度常年保持在25℃左右，在800 m的深海处，水温则常年低于5℃，温差常年保持在20℃。

4.1.4 海流能项目对自然环境的依赖性分析

1）对海域海流速度的依赖

海流能发电技术比陆地上的河流发电优越得多，既不受洪水的威胁，也不受枯水季节的影响，水量和流速常年不变，是一种非常可靠的能源。通常来说，海流能若想有实际开发的价值，则海流的流速需在2 m/s以上。

我国的海流能密度属于世界上海流能功率密度最大的地区之一，尤其是浙江舟山群岛的金塘、龟山和西堠门水道，其平均功率密度在20 kW/m^2以上，且开发环境和条件良好。

2）对海域地理环境的依赖

海流能的开发与利用要选择长期稳定的均匀流，并且要尽量靠近海岸，且使设备不暴露于开阔水面。海流能选址应在峡谷地带，因峡谷地带变窄，水道横截面收缩导致海流速度增大，且收缩后的海流也会更加稳定。可见，海流电站选址应位于靠近海岸的峡谷地带。

4.1.5 盐差能项目对自然环境的依赖性分析

1）对盐差能资源分布的依赖

盐差能资源储量取决于入海的淡水量和海水的盐度，而海洋盐度的极值均出现在近岸河口（低值）和较为封闭的内海（高值），因为入海水量的不同，所以盐差能资源的分布具有不均匀性。全国盐差能资源主要分布在长江口及一些大江河入海口的沿岸。大型江河的入海口盐差能蕴藏量丰富，但由于淡水冲淡作用的影响，河口至外海高盐度稳定海域的距离较远，这样便会加大盐差能开发利用的难度，而中小型河流冲淡作用较小，开发利用条件相对较好。

2）对岸线资源的依赖

盐差能资源大多蕴藏在沿岸河口、入海口地区，江河越大则盐差能资源越丰富，但河口地区往往是经济发达地区。若在经济发达地区的河口开发盐差能，则河口地区的交通航运、渔业捕捞、海洋开发工程等都会受到挤占，这显然是不可行的。

3）对季节的依赖

河流的盐差能蕴藏量随流量变化波动，因此从季节变化和年际变化的角度看，盐差能是海洋可再生能源中较不稳定的一种能源，汛期盐差能蕴藏量丰富，而枯水期则相对小很多，这显然给开发利用装置容量的确定造成困难。在北方尤其明显，且在冬季都有时间不等的冰期，对盐差能开发利用非常不利。

4.2 建设期海洋可再生能源项目对环境的影响分析

海洋温差电站预计对环境无不良影响，大规模开发时则需考虑对气候可能产生的影响。由于海洋温差能的开发可以将深海富营养盐类的海水抽到表层上来，这有利于海洋生物的生长繁殖，对海洋渔业的发展起促进作用。

4.2.1 项目建设对海洋生态环境的影响分析

潮汐能电站在建造过程中，会隔断海湾内外水之间的交换，海湾区与海域的分隔将会破坏海洋的生态系统；同时在建造过程产生的建筑垃圾会影响海湾区生物的生存环境。

海洋能设备的安装及海底电缆的铺设与大部分海洋工程相类似。会使得海洋生态环境遭到破坏，如水质悬浮物的增加和底栖生态环境的破坏等。

大量施工船只频繁作业将对海洋声环境造成影响，海洋能设备安装时所产生的噪声会干扰海洋生物的生存环境；建设期间船舶的频繁航行会存在溢油的风险，这也会对海洋环境造成破坏，影响到海洋生物的生存环境。

尽管波浪能的开发与利用不会产生大气污染，诸如二氧化碳、氮氧化物、二氧化硫等气体，但是其对沿岸的环境还是会带来一定的潜在影响。在波浪能发电项目建设中，波浪能提取需要铺设电缆线，需要将一些平台的支柱打进海底，这些工程措施都会加大海水的浑浊度，引起泥沙的沉降，使得海水透光性下降，减缓光合作用的效率，使海表浮游植物和浮游动物受到影响，出现不同程度的产量下降，从而影响当地的海产产量。但是这种影响会随着建筑物和装置工程的完成而减弱。此外，海岸上的工厂建设也会对当地的林木业产生影响，这主要体现在建厂选址上。如果在建设初期充分研究了海域的海底泥沙情况以及海域的生物资源分布，可以减少这样的不利影响。

4.2.2 项目建设对海洋景观环境的影响分析

海岸线的景观是大自然给予人类最耀眼的瑰宝之一。海洋能提取装置有的需要漂浮在海面上，有的则建设在岸边，若厂区建设在海洋景观带上，就会破坏海洋景观资源。尽管有的厂区选择架空电线，但这仍会影响海岸线整体美观。因此，从海洋景观资源保护的角度，再一次强调了海洋能提取工程的选址问题。工程的选址一定要遵从海洋功能区的规划，避开景观美丽的海岸，选择人口、动植物稀少的区域，同时还需考虑该海域的海洋能提取效果，海域环境对海洋能的影响。所以电站一般建立在离岸线不远的地方，但是这会对航道和景观造成一定的影响。

4.2.3 项目建设对区域产业环境的影响分析

海洋能发电站址选择必须综合考虑区域社会经济状况、电力供需环境以及负荷输送等因素，这些基础设施的配备对于海洋能资源的开发起着支撑作用，若基础设施不完善，那么由于海洋能发电的建设成本过高，会造成资源的短缺和投资过大等问题。潮汐能电站的建设通常在港湾海口，基础建设投资大，造价较高，电站的建设也会占用沿岸陆地资源，使得原本的产业发展被挤出。潮汐能电站是低水头、大流量的发电形式，发电装置体积大，建造复杂，且装置长期处于海水浸泡之中，海水、海生物会对装置造成腐蚀和玷污，所以需作特殊的防腐和防海生物粘附处理。

海洋能发电装置有的建设在陆地上，而有的则建设在近海或海洋中，这些设施的建设会使得原本的航道或渔业资源受到占用，从而影响海上交通的便利和安全。如：波浪能发电装置对捕鱼和航运等商业性活动和娱乐性活动存在影响。单个的漂浮式波能发电装置对环境并无明显的负面作用，但波浪能装置可能会对海上航运带来影响，因此安装波浪能装置时要进行合理规划和选址。

在建造发电场时也应考虑发电场自身的建造问题。如：在建立海流能发电场时，需要选择合适的海流海域实施多个机组的安装。多个机组运行的同时也需要考虑它们相互之间的作用，单排机组时组与组间的距离和多排机组时排与排之间的距离的确定，应该在安装前进行多方案组合的优化比对分析，从而可以最大限度地利用海流能资源。

所以在建造海洋能利用装置时应尽量选择在已有设施及工程的基础上进行安装和建设，如护岸、防波堤；或与此类设施及工程同时建设，可明显地降低海洋能利用装置的开发及建设成本，也可减少对渔业和海上交通的不良影响。

4.3 海洋可再生能源电站运行对环境的影响分析

4.3.1 电站运行对海洋物理环境的影响分析

1）潮汐能发电对海洋物理环境的影响

潮汐能发电对海洋物理环境的不利影响主要表现在以下几个方面。

（1）潮涨潮落的规律被改变。大坝建成后，水库的蓄水、泄水周期与之前的潮涨潮落周期有所不同，憩流时间变长，涨潮时间缩短，落潮时间增长。

（2）潮流分布发生变化。电站建成后，进出海湾的水只能通过输水渠道流动，所以在大坝周围的水流速度加快，造成原有潮流分布的变化。

（3）使附近沿海潮差改变。由于共振原因，会使相邻海域的潮差发生变化。

（4）海底输沙发生改变。电站建成后，这些水动力条件的改变将会使得海底输沙发生改变，导致海湾沿岸的岸滩和海底可能会产生新的冲淤形态，这样也可能会加剧对海岸的侵蚀。

（5）电站水库与海域水交换的减少。电站水库与海域水交换的减少，加大了水库对陆地过程的依赖性，影响库区水环境的稳定性。

（6）项目运营期设备转动产生的噪声将长期性地改变该海域的声环境。

（7）潮汐能电站也会影响海洋动物的活动。如潮汐大坝阻碍了海洋鱼类的正常洄游。

潮汐能发电对海洋物理环境也会产生有利的影响：

（1）潮汐能电站的建成改善了库区的自然条件。大坝的建设会削弱海洋风暴的力量，使库区成为良好的休闲旅游场所，同时也创造了稳定的航运条件。潮汐能电站的建立会加快浮游生物和泥沙的沉淀，并且光合作用得到了加强，进而就改善了海洋养殖环境。

（2）潮汐能电站大坝建成后，将减缓库区的水流流动，加强了库区水域的层化作用，水的表面温度在夏季会增加，在冬季会降低，使结冰条件发生变化，从而改善地下水状态、农田排水条件和水库小气候及周边区域的气候。

（3）潮汐能电站会造成纳潮面积缩小从而造成海底生物栖息区的变化，缩小海鸟的栖息范围。夏季的海水温度增高，优化水产养殖环境，改善某些水产品等生物的繁殖和生长。

（4）潮汐能电站会使得库区内的水流流动减缓，这会减弱水流对海岸的冲刷。

2）波浪能和海流能发电对海洋物理环境的影响

如果在某一段沿海大规模发展波浪能和海流能电站，在海水里安装了大量的取能设备，会减小流速，增加水面高度，转子、衬托、锚、电缆等固定结构装置都会阻碍水体运动，然而水速的减慢会影响海运交通、泥沙沉积以及生物生活。从已有的波能装置来看，其对海洋水动力环境资源的影响还是很大的，例如“巨鲸”发电装置在转化波浪能后，造成了当地海域波面的变化，使得波面变得更加平滑，这在很大程度上减缓了表层海水的运动，虽然这种变化对港口的防护有益，但对海洋生物造成了很大的影响。

在能量密度大的环境中建造波浪能和海流能电站，因为波浪能和海流能电站提取走了一些能量，从而可能使当地海洋环境更适合各种生物种群生存。

浮动的波浪能转换装置不但会改变波高等波结构，还会阻碍风能向海表输入，减少了风浪之间的相互作用。诸多类似的变化不会直接对环境产生影响，例如船舶的航行、海滩上的娱乐活动以及波与波间相互作用的减少，仅会改变底部的侵蚀和泥沙运输。

缓解水动力环境变化最简单的措施是限制设备的数量（减小水质点速度的变化）和选择远离海洋保护区和海底栖息地敏感区。此外，发展适当规模的水生系统且选择合适的环境可以减轻远场效应。对于非再生结构（非金属桩、电缆）造成水体速度的变化则可以通过简化组件形状、减小尺寸或总体表面积、埋电缆、改变设备间的距离等措施而减少。

3）海洋温差能发电对海洋物理环境的影响

海洋温差能在一定区域大面积取能，会造成海水表面温度下降，可能会造成洋流流向的变化，导致海面空气的密度发生改变，从而导致空气的流向对海洋气候产生一定的影响。

4）盐差能发电对海洋物理环境的影响

盐差能在河口附近筑坝不仅对河口的交通航运和渔业作业造成影响，还可能导致河口泥沙淤积以及影响河口上下游生物的洄游等诸多生态环境问题。

4.3.2　电站运行对海洋生态环境的影响分析

大规模海洋能发电站的建设会使得海洋物理环境发生变化，引起相邻海域的潮差发生变化，从而影响大部分沿岸的生态环境，改变区域性海域近岸生态环境。

潮汐能、海流能、波浪能电站的运行会使得沉积物和海底沙床发生变化，由于泥沙的沉积会造成海湾内面积的缩小以至于影响到该水域生物群落的生长环境，这会破坏海洋生物多样性被破坏，并使海产品的产量受到影响，这样也会间接影响到鸟类的繁殖与生长，使得某些鸟类失去觅食的空间。泥沙的淤积会造成生态系统发生改变，而恢复生态环境将耗费许多资金和时间。

潮汐能电站和盐差能电站大坝的建设会阻碍海洋生物的洄游和季节性的迁徙。有些海洋生物在通过发电站的水轮机时也会受到伤害。但是，海洋能装置的投放也为一些海洋生物提供了适宜生存的栖息地。

潮汐能电站和盐差能电站的库区水环境不稳定，对库区的生态环境造成影响。由于电站水库与海域水之间的交换减少，若有河流注入时，水库的各项指标会发生变化，造成该水域的稳定性下降。

波浪能、海流能、海洋温差能发电项目平台对海洋生物群落的不确定性影响。发电和传输装置放入海中，可能对部分鱼类的栖息地产生一定程度的破坏，使得海洋生物的生长规律发生变化。而当装置投入使用后，也可能会对海洋生物产生一定的影响。回填电缆壕沟会使沉积物和原先基质变得不同，会长期改变或者破坏海底生物的栖息地。建筑物的材料和地基改变了自然的基质或原有的泥沙，可能使得处于海洋生物链最底层的无脊椎动物减少，破坏生物链，可能对海洋生物多样性繁殖产生了负面影响。另外，取能平台于海中会对海水的流速产生影响，泥沙沉积增加以及海水侵蚀建筑物所产生的锈蚀物会破坏当地范围内的生物结构和繁衍。不过，波中取能也可能给水生栖息物种带来好处，因为项目的建设可以限制当地的捕鱼活动，相比于大量的捕捞活动，建设能源项目对海洋生物的破坏要小很多。

海洋能发电项目运行的噪声对海洋生态环境的影响。海洋的生物在其生活的各个方面都需要依靠声波，例如繁殖、喂养、捕食、躲避危险、导航与通信。因此，海洋能源转化装置在水下安装和操作的过程中产生的噪声会干扰到海洋生物的生活，使得大部分生物会离开原来的栖息处。如果噪声非常严重，还有可能损坏生物的听力，甚至导致死亡。其中，最为常见的就是由于海洋建设工程中打桩产生的噪声，损坏了近海港海豚的听觉和导航系统，使得大量海豚误入海滩，搁浅而亡。尽管预计在工程正常操作期间产生的噪声很弱，但仍有可能破坏哺乳动物、海龟和远海鱼类的行为。动物的行为和生理能力的改变都有可能导致觅食效率的降低，从而导致繁殖率降低、死亡率增加。工程建设和装置运行所制造的噪声会干扰到海鸟在离岸带和潮间带环境的生存。水鸟因为受到陆地上的施工和操作的影响，被迫离开原先的繁殖地。此外，部分海洋哺乳动物和鸟类会受到水下噪声和灯光的吸引，而增加了它们被捕食的概率。

潮汐能、海流能与波浪能装置叶片的旋转会影响海水的流速，一方面会使部分生物远离设备区域；另一方面，会使部分哺乳动物和海鸟可能会试探性地靠近运营设备，增加海洋生物与设备碰撞的风险。

海流虽然稳定且容易预测，如果过度地开发利用可能会对气候造成影响，也会减弱洋流系统使其发生变化。可见，海流能发电机的安装密度须经严格的设计，让洋流经涡轮机吸收一部分能量后还能恢复到原本的流速，且涡轮机和海流能发电机安装的间隔密度和规模应得到科学的管理。

4.3.3 电站运行对区域产业和社会环境的影响分析

1）对渔业的影响

海洋能发电装置有的建设在陆地上，而有的则建设在近海或海洋中，这些设施的建设会使得渔业资源受到占用，原本的渔业养殖产业会被这些设施挤占，从而影响渔业的发展。盐差能和潮汐能发电在河口附近筑坝，波浪能和海流能在海域运转对渔业作业造成影响。

但也有有利的情况，如潮汐能电站建成后的最高库水位总是低于建站前最高潮水位，因此潮汐能电站库区不但不会淹没土地，还可以促淤围垦，发展水产养殖。虽然有些电站在发电上没有取得很好的效益，但是通过综合开发和利用会使得电站的综合收益提高。

2）对旅游业的影响

海洋能资源的开发会占用一些海岸线，使得原本美丽的海岸线资源被占用，会挤占旅游业的发展。虽然说海洋能电站的建设会占用一些海岸线，影响海洋旅游资源的开发，但是，如果有合理的规划为导向，海洋能电站的建设也可以为海洋旅游资源的开发提供更好的条件，潮汐能电站、盐差能电站的主体都处于海水中，对环境影响较小，改善自然条件，为休闲旅游提供了更好的发展契机。如我国的浙江江厦潮汐试验电站的建设，使得那里形成了新的旅游景点，造福一方百姓。

3）对航运的影响

海底输沙发生变化也可能会对港航资源产生影响。泥沙输运的变化会影响航道水深，原本可以运行大型船只的航道可能会受到影响。而波浪能、海流能、海洋温差能电站的海上设施和传输设备对航运有一定影响，可能会影响海上航运的安全性和便捷性。但是通过合理的规划，后期的维护和生态恢复可以减少大部分的不利因素。如法国朗斯潮汐能电站的大坝建成后，通过 700 m 长的坝顶公路连接城市，使城市之间的距离缩短了 30 km，每年从坝上通过的汽车达 50 万辆。而我国的江厦潮汐能电站水库大坝也便利了海湾两岸的交通，方便了两岸的百姓。

4）其他方面的影响

波浪能除可用来发电外，还可以用于海水淡化、供热、抽水以及制氢等。海洋温差能不仅能发电，还可用于海水淡化。盐差能同样也可在发电的同时进行海水淡化。用海洋温差能、盐差能进行海水淡化，是在海洋温差、盐差能发电的同时产出淡水，可以实现水电联产，在为岛上居民提供电的同时提供淡水，这样的海水淡化不额外消耗能量，能够有效降低制水成本。

4.4 小结

海洋可再生能源资源具有分布不均衡和其开发利用条件较高的特点，且各海洋可再生能源技术创新项目对环境的选择都特殊要求，对海洋自然环境具有明显的依赖性，所以海洋可再生能发电对自然条件都有比较高的要求。项目选址非常关键，需要收集丰富的基础资料，科学勘察，充分利用科学和工程方面的技术专家进行论证。

各类技术创新项目选址的主要要求：①潮汐能项目选址重点考察潮差（不应小于5 m）、地貌、地质、工程协调、水文条件等；②波浪能项目选址，应位于能量密度较大、分布平稳的海域，不仅要考虑波浪，还应兼顾海流和海岸线资源；③海洋温差能项目要求，深层冷海水和表层温海水的温差要在20℃以上才有开发价值；④海流能项目要求海流的流速需在2 m/s以上才有实际开发的价值，站址选择应位于靠近海岸的峡谷地带；⑤盐差能项目选址比较受限，海洋盐度的极值均出现在近岸河口（低值）和较为封闭的内海（高值），盐度受汛期影响较大，而这些区域往往是经济发达地区，同时项目对岸线资源的依赖比较强。

建设期项目对海洋生态环境、海洋景观资源环境和其他产业空间的挤压产生一定负面影响，对输变电配套资源提出较高要求，但对相关产业的发展提供了市场机遇和创新环境。

大规模海洋可再生能源的开发利用，由于取能过多，可能会对海洋物理环境和生态环境产生一定改变和负面影响，对航运产生一定负面影响，对渔业、旅游业、电力供给和温室气体减排等产生积极的正面影响。

结合浙江省的资源分布特点：浙江舟山群岛具有布局潮流能项目的独特环境；浙江西南沿海具有布局潮汐能项目的独特环境；钱塘江的潮汐能和盐差能开发的环境比较复杂；沿海岛屿为多能互补发电系统创新提供了优越环境。

第5章 海洋可再生能源技术创新进程分析

一大批学者、工程技术人员和新闻工作者，从不同的角度对各种海洋可再生能源技术创新的历史、现状和目前存在的问题进行了研究，本研究在吸收众多研究成果的基础上，参考国家海洋局官网、国家海洋技术研究中心网站、北极星电力网（国内最专业的电力行业垂直门户网站）等权威网站提供的信息，结合我们的经验和知识，对海洋可再生能源技术创新的动态作系统梳理，对海洋可再生能源技术创新的阶段作出评价。本章按主要技术路径分别展开分析。

5.1 潮汐能技术创新进程

5.1.1 国外潮汐能技术创新进程

在古代英国、法国和西班牙就有利用潮汐能的水车，当时的潮汐水车被用来吸取潮汐能中的一小部分能量，生产30～100 kW的机械能。欧、美一些国家最早运用潮汐能发电，其研究开始于20世纪初。1913年时，德国在北海岸边建造了第一座潮汐能发电站，这座潮汐能电站成为人类历史上利用潮汐能发电的首次试验电站。

法国朗斯电站是第一座具有商业实用价值的潮汐能电站，该电站于1959年开工，1966年建成投产。该电站位于法国圣马洛湾朗斯河口，是世界上享有盛名的大潮差地点之一。朗斯电站采用单库双向发电方式，站内布置有40台机组（内2台属预留），两侧各有5孔泄水闸，还有一座船闸和相应航道。机组的中心距离为13.5 m。按满流量时单机发电9 000 kW计，最大装机出发电可达36万kW，按40台机组，设计年发电量扣去抽水耗电之后可净发电8亿kW·h。发电厂房安装了24台双向涡轮发电机，这种灯泡贯流式水轮发电机组可以在涨潮落潮时双向发电、双向抽水、双向泄水，总容量24万kW，年发电量5.44亿多千瓦时，并输入国家电网。朗斯河口的最大潮差为13.4 m，平均潮差可达8 m，且此处基岩状况良好。横跨朗斯河的大坝长约750 m，坝上可以通行车辆，坝下设有船闸、泄水闸和发电机房。电站自投产以来，库区内未出现泥沙淤积，机组运行状况良好。朗斯电站已成功发电多年，在计算机管理下，一直正常运行。如今，朗斯潮汐能电站为潮汐能的开发提供了丰富的经验，已为世界所认可。

1968 年，苏联在摩尔曼斯克附近的基斯拉雅湾建成了一座 800 kW 的潮汐能发电站。1980 年，加拿大在芬地湾建成了一座 2×10^4 kW 的中间试验潮汐能发电站。中间试验电站，是为了给更大的电站做理论和实践经验准备用的。之后，由于常规能源的逐渐紧缺，使得潮汐能发电在全世界有了较大发展。

英国在潮汐能发电商业化方面处于世界领先的地位。英国正在开发和运行的潮汐和海浪发电项目在 2012 年时已经多达 41 个。英国政府预计，到 2050 年时，潮汐能发电可以承担英国 20% 的电力供应。2013 年 9 月 16 日苏格兰政府正式批准开始建造全世界最大的潮汐能发电站。该潮汐能电站占地 3. 5 km^2的海域，分阶段建造完成，建成后最终将实现高达 398 MW 的电力生产，可满足 17. 5 万户家庭的电力供应。首先完成的是由 6 个涡轮机组成的，规模达 9 MW 的示范项目。

MeyGen 作为欧洲规模最大的项目自 2016 年 11 月在英格兰彭特兰海峡投产以来，两部涡轮机于 2017 年 8 月刷新单月潮汐能发电纪录达 70×10^4 kW · h（中国台湾地区的核二厂 1 号机 7 月平均发电量 969 MW · h），为苏格兰 2 000 户家庭提供充足电力。预计，到 2024 年这座潮汐能发电站将可生产约 19×10^4 kW · h 的电力，相当于苏格兰地区总用电量的 43%。在 2017 年 8 月底，第 3 台潮汐涡轮机组也重新连接到电网加入运作，第 4 台涡轮机组 AR1500 则预计在 9 月下旬进行升级安装，一切都在按计划进行中。

据 2015 年 3 月 6 日《北极星电力网》报道，英国计划建设 6 座潟湖发电站。这个项目斯旺西（Swansea）将会耗资 10 亿英镑，规划为约 15. 5 万个家庭提供电力。这 6 座潟湖发电站能为英国提供约 8% 的电力。2015 年 8 月《卫报》报道，由牛津大学工程科学系设计的一种新型海洋涡轮——潮汐能源栅栏，可用于浅海静水水域发电，且发电成本将会低于近海的风电场。由于涡轮机水平位于海平面下，当前设计适用于水深30 m 以内的环境，加之海水流速较慢，因此鱼类能够安全避开涡轮机叶片。

装机容量为 320 MW 的斯旺西湾潮汐潟湖项目（TLSB）在 2015 年春季开工，预计于 2018 年发电。通过继续优化项目，年输电量有望达到 495×10^6 W · h。

5. 1. 2 国内潮汐能技术创新进程

东汉的王充是我国科学解释海洋潮汐现象的第一人，他在《论衡 · 书虚》篇中提到“涛之起也，随月盛衰”，对潮汐和月亮的关系进行了论述。之后很多学者发展了王充的理论。唐朝中期窦叔蒙的《海涛志》的诞生，标志着我国唐代在海洋潮汐学研究方面已达到很高的水平。我国古代对潮汐的研究至宋代达到高峰，清代俞思谦编辑的《海潮辑说》、翟均廉的《海塘录》等收录了古代不少潮汐方面的研究著作。

我国早在20世纪50年代就有利用潮汐能发电的技术创新，1958年时潮汐能电站的建设出现小高峰。据1958年10月开的“全国第一次潮力发电会议”统计，已建成的潮汐能电站就有41座，在建的还有88座。这些电站装机容量有的仅为5 kW，主要用于照明和带动小型农用设施。因为没有科学合理的规划设计，很多潮汐能电站选址不当，且在技术上存在问题，导致很多电站在短期内就被废弃。可见当时我国潮汐能发电的技术应用违背了技术创新的规律，从研发阶段跳过中试阶段，直接进入批量生产阶段，造成了资源的浪费。

20世纪70年代末，国家为了试验和研究的目的，又出资建设了一批较大的潮汐能电站，包括江厦、幸福洋、白沙口、海山等，总装机约近6 000 kW。但目前尚在运行的只有位于浙江省玉环县海山乡茅埏岛海山潮汐能电站和位于浙江乐清湾的江厦潮汐能电站。

我国潮汐能发电技术及应用长期以来处在世界先进地位，技术储备雄厚。海山潮汐能电站始建于1972年，于1975年建成，是我国唯一的双库、单向、全潮蓄淡、蓄能发电和库区水产养殖综合开发的小型潮汐能电站。海山潮汐能电站不仅可以满足海山岛上的生活照明和工业用电，而且还可以有多余的电力通过电网输送到陆地上去。与此同时，利用电站的水库养殖蛏子等生物，每年可获得额外的收益。由于海山潮汐能电站的各项指标处在全国的先进地位，在1995年获得了联合国科技发明创新奖，并向全世界110个国家和地区进行推广。随着电网的覆盖与普及，潮汐能发电的高昂成本使其竞争力下降，目前已处于半运营状态。为维护该潮汐能电站的持续运行及发展，在2016年底通过了地方政府对电站实施技术改造工程，对原老旧机组进行升级改造的工程计划的审批。

江厦潮汐能电站于1973年开始建造，自1980年并网发电以来，江厦潮汐试验电站运行良好，并先后进行了多次技术改造。截止到2017年1月底，改造后的1号机组累计发电5 610 h，发电量达245×10^4 kW · h。通过该项目的研发与运行，为我国未来潮汐能的大规模商业化应用储备成熟的水轮机型谱，也为潮汐机组运行储备了丰富的经验。

20世纪80年代以来，我国浙江省和福建省等地开展了对潮汐能资源的详细勘察，并根据结果作出了初步的规划。此外，还做了很多大中型潮汐能电站建设前期工作，如选址、勘测、设计或可行性研究等。

2010年以来，我国先后完成了健跳港、乳山口、八尺门、马銮湾、瓯飞等多个万千瓦级潮汐能电站工程预可研报告，还开展了利用海湾内外潮波相位差发电研究、动态潮汐能技术研究等环境友好型潮汐能发电新技术研究，已具备大规模开发潮汐能的技术基础及资源条件。2014 年国家海洋局科学技术司与华东院签订了《温州瓯飞万千瓦级潮汐能电站建设工程预可研》合同，承担了世界最大潮汐能电站前期设计任务。瓯飞潮汐能电站项目在开敞式海域建设潮汐能电站，这打破了国际上在海湾建设潮汐能电站的固性思维，该项目的研发与建设对于潮汐能发电具有重要的技术示范效益。在海洋能专项资金支持下，河海大学研制了新型高效低水头大流量双向竖井贯流式机组。2016 年 5 月，项目通过了国家海洋局科技司组织的验收，截止到 2017 年 1 月，发电量达 26×10^4 kW · h，这也推动了我国潮汐能的发展。

经过多年的试验和研究，我国开发利用潮汐能发电的技术、设备和实践已经有了比较好的基础和丰富的经验，主要有以下几点。

（1）在开发潮汐能电站时，要因地制宜，形成各具地方特色的潮汐能开发方式，延长潮汐能电站发电时间，增加发电量，提高潮汐能发电利用率，改良潮汐能电站的上网条件。

（2）大坝的建设要更加科学合理、厂房及泄水闸等一些海工建筑物要能长期经受台风的冲击和海水的侵蚀，在经过多年的运行发电后仍能稳定发电。

（3）江厦潮汐试验电站成功研制了具有正反向发电、正反向泄水、正反向抽水功能的贯流灯泡式水轮发电机组，采用了多项新技术，为进一步研制新型更大容量的潮汐能发电机组积累了丰富的经验。

（4）潮汐能电站建设时应吸取以往的经验教训，大坝的泥沙淤积问题应着重进行研究，选择站址时应详细分析泥沙淤积的可能性及严重程度，提前采取泥沙防淤清淤预防措施。

（5）通过多年潮汐能电站的运行管理，已经积累了海工建筑物的维修和保养经验，且拥有了一些潮汐能发电机组及其附属设备的运行和检修能力，基本摸清了潮汐能的相关资料，并完善了潮水位的预报、防汛抗台等保障措施。

5.2 波浪能技术创新进程

5.2.1 国外波浪能技术创新进程

1799 年，在法国巴黎发表了第一个波能转换装置的专利。自 1911 年世界上第一台波浪能发电装置研制成功后，波浪能发电的研究在全球掀起一股热潮。英国拥有世界上最丰富的波浪能资源，1970 年后，英国将波浪能发电技术放在了新能源研究的第一位，到了 20 世纪 80 年代，英国已经成为世界波浪能研究中心。日本现已建成多座波浪能发电站，最著名的电站“海明”号为兆瓦级发电功率电站。挪威在 1985 年时建成了世界上最大的岸式波浪能发电站，该发电站装机容量为 500 kW。21 世纪以来，波浪能因其开发简单灵活，且对海洋环境影响较小，再次受到世界各国的重视。2013 年 5 月英国已批准在苏格兰西部群岛建立世界上最大的商业波浪能发电厂计划。该发电厂将建在路易斯岛西北部，总装机量为 40 MW，可为近 3 万个家庭供电。负责电厂运营的苏格兰能源公司蓝宝能源公司将在 Lagna Greine 海岸安装 40 ~ 50 套 Oyster 波浪能发电系统，目标是实现商业销售。

5.2.2 国内波浪能技术创新进程

我国波浪能发电技术的研究起步较晚，开始于 20 世纪 70 年代，在 80 年代后才取得了一定的进展。与日本合作研制的波浪能发电航标和灯船在世界上处于领先的地位，小型波浪能发电装置已在导航灯浮标、灯桩、灯塔等上获得推广应用。

20 世纪 90 年代后，我国先后建立了多个波浪能发电站。如：1990 年，中国科学院（简称中科院）广州能源研究所在珠江口大万山岛上研制的 3 kW 岸基式波力电站试发电成功；1996 年研建成功 20 kW 岸式波浪能试验电站和 5 kW 波浪能发电站；在广东汕头研制完成 100 kW 岸式波力试验电站。

据新华网（2013）报道，中科院广州能源研究所设计的“鹰式一号”漂浮波浪能发电装置，在 2013 年时于珠海市万山群岛海域投放，并发电成功。此装置的成功，标志着我国波浪能发电技术取得了又一大进步。这次试验证明，波浪能发电设备可以实现安全、便利、低成本的发电目标，为以后我国大规模开发利用波浪能打下坚实基础。据《中国科学报》（2015）报道，在 10 kW 波浪能发电装置成功运行后，广州能源研究所 2015 年 11 月又在万山岛投放了“万山”号波浪能发电装置，该装置前期装机 120 kW，之后将继续扩大。投产运行后的海况试验显示，波浪能发电装置不仅能够将不稳定的海浪转换成稳定的电能，还保持了较高的转换效率，展现出了强大的发电能力和环境适应性，且“布置 3 个这样的平台，就能满足 50 ~ 1 000 人的海岛生活用电”。2015 年 11 月起，“万山”号 100 kW 鹰式波浪能发电装置开始海试。截至 2017 年 2 月，累计发电超过 3×10^4 kW · h，初步具备了向海岛供电的技术条件。2017 年 7 月，中国电子科技集团第 38 研究所最新研制的波浪能发电装置成功突破波浪能液压转换与控制装置模块及千伏级动力逆变器关键技术，实现波浪稳定发电，且在小于 0.5 m 浪高的波况下仍能频繁蓄能。但是，波浪能大规模发电装置技术还不太成熟，波浪能稳定发电问题及提高装置发电效率仍然亟待解决。对于波浪能发电最终只有并网才可以进行商业化开发。

5.3 海流能技术创新进程

5.3.1 国外海流能技术创新进程

在海流能发电研究领域，英国最具有代表性，在商业化、装机容量、发电规模等方面都处在领先地位。挪威、美国、日本、法国、意大利、加拿大、韩国、爱尔兰等国的海流能发电技术发展也非常迅速。

在海流能技术方面英国一直走在世界前沿。2003 年，英国 MCT 公司成功建设了第一台 300 kW 海流能发电机组 Sea flow。2008 年又成功研制了 1.2 兆瓦级的发电机组 SeaGen，这是世界上第一个走向商业化的海流能发电系统，并成功向爱尔兰的用户供电。

美国与日本从 20 世纪 70 年代开始着手研究海流能发电。2005 年，美国 Verdant Power 公司在纽约建成 6 台 35 kW 水平轴海流能发电装置。意大利于 2001 年研制出世界上第一台海流能发电机样机，并成功进行发电试验，装机容量最高为 130 kW，在 2006 年时实现并网发电。2005 年，韩国在 Uldolmok 海峡建设了第一座潮流能发电场，2009 年，首台 1 MW 的 Gorlov 型潮流能机组投入商业运行。挪威 Hammerfeststr - m AS 公司在 2003 年成功研制出 300 kW 并网型水平轴式海流能发电装置，该装置与 Sea flow 类似，建于 Kvalsundet，年发电量预计为 32×10^8 kW · h。

在国外垂直轴式潮流能发电装置的研究起步较早，但由于技术不成熟，投入商业化运行的较少。2006 年，加拿大 Blue Energy 公司研制的 Davis 四叶片垂直轴涡轮机于不列颠哥伦比亚大学水槽实验安装，在实验中使用扩张管道装置可将涡轮机的工作效率提高至约 45%。美国 GCK 公司和日本 Nihon 大学也对垂直轴水下涡轮机进行了技术探究。

5.3.2 国内海流能技术创新进程

我国也是世界上最早开始对海流能进行发电研究的国家之一，如广东省顺德市在 20 世纪 50 年代研制并建成了海流能发电实验机组，该机组在 1 m/s 的海流流速下就可以带动发电机实现发电。舟山的海流能资源非常丰富，为海流能发电的研究提供了便利，70 年代，浙江省舟山市的何世钧曾进行过海流能开发研究，采用两台卧式水轮机，经油压器带动发电机转动。

哈尔滨工程大学从1980年起就开始了直叶片的新型海流透平的研究，在1984年完成实验室研究，之后又成功研制了1 kW的潮流能发电装置的试验样机。哈尔滨工程大学还设计了万象-Ⅰ，该电站的选址在浙江舟山，并实现了70 kW的海流能发电。

我国从20世纪90年代开始计划建造海流能示范应用电站，在“八五”“九五”科技攻关中对海流能进行了支持，将海流能的海况实验引向深入。中国海洋大学于2008年在青岛市胶南斋堂岛水道进行了5 kW样机的海上试验。东北师范大学设计的低速直驱式水平轴海流能发电机组已进入实验阶段，研发了一种1 kW水下悬浮式水平轴式海流能发电装置。哈尔滨工程大学研制的75 kW潮流电站。浙江大学在国内对海流能的研究居于领先地位，2006年5月浙江大学研制成功国内第一台新型海流能发电机模型样机；2006—2009年期间成功研制了第二台25 kW的半直驱水平轴式海流能发电样机；2016年又建成了一座百千瓦级海流能发电机组海试平台，已上网发电。

舟山群岛新区正逐步成为全国乃至全球海流能发电的引领者。舟山群岛海流能资源丰富，1980年起，舟山地区吸引了一批科研单位在此试验，某些技术已具备一定的商业化条件。岱山县是我国最早一批研究海流能发电的县，已有20多年历史。2016年3月，“世界首台3.4 MW LHD林东模块化大型潮流能发电机组”平台在浙江舟山市秀山岛实施下海安装。从未来发展来看，舟山群岛新区将成为我国首个国家级潮流能综合试验场，带动我国潮流能技术研发和产业化进展不断前进。

5.4 海洋温差能技术创新进程

5.4.1 国外海洋温差能技术创新进程

1881年，法国J. D. Arsonva最早提出了利用海洋温差能的设想。1929年，其学生G. Claude首次进行了海洋温差能的实验室原理试验并于6月在古巴建成了一座开式循环发电装置，发电功率为22 kW。由于海洋温差能技术不成熟，使得世界范围内的海洋温差能研究处于停滞状态。直到第一次石油危机后，海洋温差能研究才开始进入第一轮热潮，美、日共建成了4座海洋温差能试验电站，从而在工程上证明了海洋温差能发电的可行性。

1979年美国在夏威夷建造了第一座Mini-OTEC试验性海洋温差能电站，该电站装机容量50 kW，发电功率15 kW，这是世界上首次通过海洋温差能来得到有实用价值的电能。1980年，美国建成了一座名为OTEC-1的漂浮式海洋温差能发电站，装机容量1 MW，主要用于示范和测试研究。1985年，美国Ka Lina教授设计了一种氨和水混合制成的工质，使得海洋温差能发电的工质有了更多的选择。1993年，在夏威夷建成了净输出功率40～50 kW的开式循环系统，在发电同时能产生淡水，开始了对海洋温差能的综合利用。2005年之后，随着高效热循环技术、陆上温差发电技术、大型热交换器等技术取得突破，海洋温差能的研究又开始了新一轮热潮。2009年美国洛克希德·马丁公司建造了2～4 MW的OTEC测试装置，输出功率40 kW，电站于2011年投入运营。

1974年，日本在“阳光计划”中加入海洋温差能发电研究。1997年，佐贺大学研制成功1 kW OTEC的研究装置，并成功进行海况试验。

1981年，日本电力公司（TEPCO）建成了一座净输出功率30 kW的全岸基的闭式循环电站，1994年开始了海水淡化方面的研究。同年，佐贺大学上原春男教授发明了上原循环系统。2013年在冲绳建成了100 kW OTEC示范电站并成功发电。日本在利用海洋温差能发电的同时还进行了海水淡化方面的研究，OTEC在发电的同时可得到淡水和深层海水。所以海洋温差能不仅可以发电，还可以进行综合开发利用，在经济上带动更多相关产业。

1997年，印度国家海洋技术研究所与日本佐贺大学签订协议并计划在印度投资建设商业化的OTEC系统。1999年，在印度运转成功了世界上第一套1 MWOTEC发电实验装置；2005年，在卡瓦拉第岛（Kavaratti）建成利用海洋温差能技术进行淡水生产的设备；2012年，在米尼科伊岛建成了海洋温差能制淡示范电站，该示范电站日产淡水约100 t，满足了岛上淡水的需要。

5.4.2 国内海洋温差能技术创新进程

中国的海洋温差能较丰富，但由于技术研究起步比较晚，海洋温差能的研究现在仍处于实验室理论研究及实验阶段，值得肯定的是，我国海洋温差能技术进步比较快，现已成为美、日之后第三个独立掌握海洋海洋温差能发电技术的国家。

1985年，中科院广州能源研究所对“雾滴提升循环”方法进行研究，1986年完成了开式海洋温差能试验模拟装置，1989年完成了雾滴提升循环实验研究，1991年将“滴提升循环法”提高到21 m的高度，同时还在实验室建造了2座容量分别为10 W和60 W的开式循环试验装置。2004—2005年，天津大学对混合式海洋温差能系统进行了研究。2006年以来，国家海洋局第一海洋研究所对闭式海洋温差能发电循环系统进行研究，其设计的“国海循环”方案的理论效率达到了5.1%。2008年，海洋局第一海洋研究所建造了利用电厂蒸汽余热加热工质进行热循环的功率为15 kW的海洋温差能发电装置，2013 年建成了 15 kW 海洋温差能发电装置，使得我国成为继美、日之后，第三个独立掌握海水海洋温差能发电技术的国家。

5.5 盐差能技术创新进程

5.5.1 国外盐差能技术创新进程

美国人在 1939 年最早提出利用海洋盐差能进行发电的设想。1954 年建造实验了一套根据电位差原理运行的装置，最大输出功率为 1.5×10^4 kW。从 20 世纪 50 年代开始，美国加利福尼亚大学研发了海水淡化技术。之后希德尼·利奥波德（Sidney Leopold）发明了最原始的盐差能发电装置，后来美国俄勒冈大学研制了一种新型的渗透压式盐差能发电系统，这种发电系统被人们认为是目前最有希望的一种渗透压式盐差能发电系统。但是，半透膜海洋生物的附着和海水对薄膜的腐蚀以及泥沙淤积等仍然是现在需要进一步研究并予以克服的问题。

美国海卓克拉特刻盐差能装置由美国瓦特有限公司开发研制。这是一种不使用半透膜而从盐差能获取电能的系统，该装置发电机装在海底，由管路组成，管上有海水可以流入的孔。水轮机垂直安装在管道之内，并与管道下方的发电机相连接。当淡水注入管道底部时，淡水和海水的混合产生比最初注入淡水时更大的向上的水流，这种水流会推动水轮机发电，该装置现在已经开展了海上基本实验。

1975 年，以色列建成了一套盐差能渗透法装置。目前一座连通地中海和死海的净水工程及建在死海边的试验性的盐差发电站工程已经开展。若投入运行，该电站将能发出 60×10^4 kW 的电力。

挪威在盐差能研究方面处于世界领先地位。2003 年时建成了世界上第一个专门研究盐差能的实验室。2009 年在挪威托夫特建成了世界上第一座渗透压能电站，并投入运行。

荷兰在反电渗析法研究方面处于国际领先水平，而且也是建造盐差能发电站的绝佳地点。2015 年荷兰第一家盐差能试验电厂开始发电。该电厂装有 400 m^2的半渗透膜，每平方米半渗透膜的发电功率为 1.3 W。

5.5.2 国内盐差能技术创新进程

1965 年我国对反渗透技术进行了研究。1985 年，西安建筑科技大学对水压塔系统进行了试验研究，发电功率为 0.9 ~1.2 W。

1997 年在浙江舟山建成单日产 500 m^3淡水的海水反渗透淡化装置。2000 年在河北黄骅建成了单日产 18 000 m^3淡水的反渗透海水淡化装置。2013 年在山东青岛建成了单日产 100 000 m^3的反渗透海水淡化工程。

2008 年，中国海洋大学在高分子膜的研制方面取得突破，2013 年采用渗透压能法进行发电，该装置转换效率较高、总装机容量不低于 100 W，且在渗透膜性能、膜组结构设计、渗透压力交换器、膜清洁技术以及装置后期的维护等关键技术上取得进展。

总体上说，我国海洋盐差能技术还处于基础研究和原理试验阶段，对反渗透海水淡化技术的研究取得了巨大的进步，已经进入了逐步成熟的阶段，而在盐差发电技术领域一直处于低速发展。

5.6 海洋可再生能源技术创新中存在的主要问题

5.6.1 潮汐能技术创新中存在的主要问题

人类自 19 世纪中叶就开始利用潮汐能，但潮汐能从未成为世界能源结构的重要组成部分。潮汐能发电商业化存在的问题主要有以下三点。

1）发电设备所需材料的更新和升级的局限性，发电成本过高

从目前的科技水平来看，发电成本较高依旧是潮汐能商业化面临的主要难题之一，当前商业化运营的发电站都是由政府直接投资或靠政府补贴来维持。发电成本问题是制约潮汐能发电商业化的首要问题，也是最核心的问题。

潮汐能发电的高昂成本主要是因为发电设备的操作和维护条件复杂，以及为减少对海洋生物影响而付出的特别维护费用。避免设备被海水腐蚀、抗台风和海洋生物附着问题的解决成为降低发电成本的主要制约因素和突破口，因此新材料、新设备的研发，是解决发电成本过高问题的关键途径。

2）项目开发时间过长

潮汐能电站的前期勘测设计需要大量研究论证，可行性研究需要时间过长，这就会增加项目实施的不确定性，导致其产业商业化发展速度较为缓慢。

3）融资难

潮汐能发电项目具有运营周期长，一次建造成本高，且项目实施与运行的不确定性高，会导致投资者信心不足。虽然潮汐能发电投资回收期长，但若得到融资方和风险投资的支持，项目的财务良性循环还是有希望实现的。

5.6.2 波浪能技术创新中存在的主要问题

1）电能稳定问题

波浪能是海洋新能源中最不稳定的能量，波浪的能量具有分散性和不确定性，使得波浪能收集及利用难度较大。波浪具有随机性、不稳定性和多向往复性，所以使得设计者难以设计统一的波浪能发电装置；因此，研究聚波技术，将不易获得的、低密度的、不稳定的波浪能吸收起来，提高波浪能密度，实现高效发电，是当今波浪能技术研究的主攻方向。

2）独立组网问题

因为波浪具有不稳定性，在波浪较大时能量有所剩余，波浪小时发电能量则不足，所以很难做到独立组网。若依靠电网，需先把波浪能转化的电能供应到电网上，然后才能再利用，这样又会因为波浪能发电具有间断性的特点而造成无法大规模并网的问题。目前智能电网的建设可能为解决波浪能的并网发电提供解决方案。另外的问题是，波浪能发电要受到电网覆盖范围的限制，经常的情况是波浪能用于海岛和特殊环境，联网的成本太高，极不经济。

储能技术的发展未来会为波浪能独立组网运行提供条件，储能设备在浪大时将多余的波浪能储存再利用。

3）转换率低、发电功率小的问题

因为海浪具有力量强、速度慢和不稳定等特点，多年来设计建造的波浪能发电装置都存在转换率低，普遍发电功率很小等现象。目前多数的波浪能装置总转换效率只有10%~30%，且投资巨大。“海明”号波浪能发电船发电总效率仅为6.5%；“巨鲸”波浪能发电装置的最大的发电效率为12%；中国科学院广州能源所研制的振荡浮子+液压系统波浪能转换装置发电效率目前可达50%。对于波浪能发电的大规模利用来说，发电效率的提升仍是现阶段研究的难点。

4）抗浪防腐问题

海洋灾害性天气对于波浪能发电装置及波浪能发电站的设施具有巨大的破坏性作

用。波浪能发电装置一般放置于海洋中，由于海洋环境的复杂多变，且台风天气时有发生，从而造成发电装置损坏。1985 年，挪威投资 2 000 万美元在卑尔根市附近海岛建成装机容量为 500 kW 的波浪能发电站，在 1988 年的一次大西洋飓风中，该发电站设施损坏。除此之外，由于海水的盐度较高，设备容易受到腐蚀。波浪能发电的商业化成功有赖于对发电及传输设备的防腐技术、防生物附着技术、抗浪技术等方面的新突破以及研发出高性能又经济的海洋工程材料。

5）综合利用波浪能，降低成本的问题

发电成本是技术商业化的关键。现阶段波浪能的发电成本过高，成为大规模开发利用波浪能发电的主要问题。成本的降低既要依靠研发出转换率更高的发电机、高效低成本的储能设备、高性能又经济的海洋工程材料、缩小装置尺寸等方法，还有赖于提高波浪能的综合利用技术。此外，还需研究在远离陆地且波浪能丰富的海域利用工厂船就地发电的产品，以提高波浪能发电的经济性。只有不断提高波浪能发电技术，降低发电成本，才能加快波浪能发电商业化的进程。

5.6.3 海流能技术创新中存在的主要问题

技术瓶颈及其受技术制约的成本过高的问题是海流能尚不能大规模商业化利用的主要原因。

1）技术方面的制约

总的来看，技术方面的制约主要有：海流大功率、低流速的特性对装置设备有较高的要求；海水腐蚀和海洋生物附着对发电装置损害较大，给后期的维护和清理带来困难；是避免沙石在发电设备中的沉积以及对台风的抵御问题。

由于海水的密度远远大于空气的密度，并且海流能发电装置一定要处于海水之中，海流又具有大功率低流速的特点。因此，要求海流能发电装置的结构、叶片、地基（锚泊点或打桩桩基）要拥有更大的强度。叶片是海流能发电装置的关键性部件，其获取海流能源的效率直接影响着发电的效率，在实际运行过程中，海流能发电装置的叶片存在腐蚀和海洋生物附着等现象，所以安装深度的选择就极为重要，尤其要采取防护措施防止腐蚀等问题的产生。此外，海洋环境多变，台风破坏力巨大，海流能发电装置的建造也要考虑抗台因素。

2）成本与维护问题

由于既能达到技术强度要求，又有利于降低成本的材料和设备尚未完全开发出来，海流能的开发成本非常高。目前海流能发电成本与波浪能发电接近，约 5 元/kW · h。实际运行中，海流能装置设计中的一个很大的难题就是要将其固定在不稳定的海水中，同时又不影响必要时对其维修。除了设备的研发和维护之外，海流能存储及运输成本高的也是一个问题。

5.6.4 海洋温差能技术创新中存在的主要问题

1）海洋温差能发电装置研制

海洋温差能发电装置的技术已经有了一定进展，小规模的试验装置也已成功运行，其中泵、涡轮机、换热器、平台固定技术已经具备了初步商业化的条件，在冷水管、水管平台接口技术、海底电缆以及整体装置集成技术等方面的研究也取得了一定的进展，但是在循环工质、换热器、冷水管和氨透平的密封等方面的一些关键技术问题上还离商业化的要求较远。

（1）循环工质。目前，适用于海洋温差能利用系统的工质主要有氨和二氟一氯甲烷（R22），氨的热力学性能好于二氟一氯甲烷，但是氨有毒且易燃，所以在运用其作为循环工质有一定的危险性。所以现在找到一种热力性能好且安全、环保的工质是接下来研究的重点方向。

（2）换热器。海洋温差能发电系统对换热器材料提出了很高的要求，如强度、腐蚀和轻型化。

（3）冷水管。由于海洋温差能发电系统的冷海水管要铺设到海洋的深处，这对于海洋施工来说存在困难，且冷水管的制造还需确保其管径、管长、强度、保温性能达到装置要求。

（4）氨透平的密封。氨气是有毒且易燃的循环工质，故在整个装置中要防止氨气发生泄漏。所以必须要保证氨透平的密封性能和其与电动机连接处的密封。

2）海洋温差能发电的成本高

海洋温差能发电装置的工程造价和发电成本还相当高。海洋能资源的利用是一系列技术的集成，目前尚不成熟，装置的建设一次性投入大，成本相当高，且海洋温差能发电效率较低，这就造成经济效益低，还远远达不到商业化的要求。

3）资源分布不均

虽然海洋温差能总量大，但能量密度低、能量变化大、利用率低且丰富的海洋温差能资源通常远离陆地，很难对其进行开发利用。

5.6.5 盐差能技术创新中存在的主要问题

1）开发条件的局限性

盐差能资源大都蕴藏在沿岸河口地区，江河越大盐差能资源越丰富。但河口地区正是我国经济发达地区，江河越大经济活动越发达。盐差能的开发若在河口筑坝，会使得交通航运、生物的洄游、沉积物运移、污染物排放等受到限制，这显然是不可行的。

2）技术难度大

因为盐差能开发技术研究的时间较短，所以技术上尚处于实验室研究阶段。盐差能发电技术的一个关键难度是膜技术研发，用于渗透压法的渗透膜必须具备极高的水分子渗透率，用于反电渗析法的阴阳离子膜对于阴阳离子具备高选择性，同时还需把该装置内的内电阻降到最低，避免系统内部原因造成电能损失。在提高膜性能的同时，必须降低制膜成本。

3）现有技术下发电设备开发成本过高

在盐差能的三种发电技术中，渗透压能法和反电渗析法的核心是渗透膜。高昂成本中一个重要的组成部分即是制膜成本，实现盐差能发电的规模化与商业化运行，必须寻求新的材料及其技术降低膜成本。另一方面是提高膜使用寿命。但渗透压能法和反电渗析法的发电成本较高，装置费用高昂，对于盐差能的能量转换效率低且密度小。蒸汽压能法没有得到很好的发展，该方法装置投资较大且体积庞大。它的优点在于没有要求使用渗透膜，这就避免了膜技术研发难的问题。科技的不断发展，制膜成本会逐渐降低，这样也会造成该方法优势的减弱。

4）复杂的海洋环境使设备的保护和维护成本高昂

海洋盐差能转换装置要在复杂多变的海洋环境中建造和运行，并且装置会受到防海水腐蚀和生物附着的污损，装置的防水下渗漏、防高压和海上固定、系泊及海中电力输送等特殊技术问题都会存在，所以造成了开发技术更复杂，难度更大，投资较高。

5.7 海洋可再生能源技术创新实践比较分析

5.7.1 海洋可再生能源技术创新活动国际比较

根据5.1~5.5节内容中各国和中国海洋可再生能源技术创新实践活动，以标志性事件为要点，按技术路径分别国进行表格化整理见表5-1。以各技术路径为考察维度，纵向将各国技术创新活动的进程充分反映出来，对从全球范围考察个技术创新的成熟程度极为便利。

表5-1 海洋可再生能源技术创新活动国际比较

国别	潮汐能	海流能	波浪能	海洋温差能	盐差能
英国	MeyGen项目提供的电能相当于苏格兰地区总用电量的43%； 斯旺西（Swansea）潟湖潮汐能电站，可为15.5万户家庭供电	成功建设了第一台300 kW并网型水平轴海流能发电机组Sea flow； 研制了世界上第一个商业化规模1.2兆瓦级的发电机组SeaGen	2013年5月，已批准在苏格兰西部群岛建立世界上最大的商业波浪能发电厂计划，预计可为近3万个家庭供电		
美国		1974年开发了一种小型伞式水轮机		210 kW的岸基开式循环OTEC电站； 2~4 MW测试装置，输出功率40 kW	20世纪60年代，建成最初的盐差能发电装置
法国	朗斯电站是世界上第一座上规模具有商业实用价值的潮汐能电站		发表了第一个波能转换装置的专利； 1911年，世界上第一台波浪能发电装置研制成功	1929年，首次进行了海洋温差能利用的实验室原理试验； 1929年，建成了一座开式循环发电装置	

续表

国别	潮汐能	海流能	波浪能	海洋温差能	盐差能
日本			建成兆瓦级发电功率电站“海明”号	建立了1 MW的岸基闭式电站；	
中国	江厦潮汐能电站成功运行40多年； 温州瓯飞万千瓦级潮汐能电站设计通过项目评审	建成世界首台3.4 MW LHD林东模块化大型潮流能发电机组”平台，成功发电并上网	“万山”号波浪能发电装置，初步具备了向海岛供电的技术条件，实现波浪稳定发电	建成“15 kW海洋温差能发电装置研究及试验”，成为独立掌握了海水海洋温差能发电技术的国家	我国反渗透海水淡化方面进入成熟阶段
其他国家		2001年，意大利研制出世界上第一台海流能发电机样机； 2009年，韩国建成首台1 MW的商业运行Gorlov型潮流能机组	挪威在1985年时建成了世界上最大的岸式波浪能发电站		2009年，挪威建成世界上第一座渗透压能电站正式投入运行；荷兰在反电渗析法（RED）研究方面处于世界领先地位

5.7.2 潮汐能技术创新比较分析小结

从对全球潮汐能技术创新动态的梳理过程中不难发现，潮汐能技术创新自20世纪50年代进入中试阶段，潮汐能发电技术和电站建设技术都基本成熟，即将从海况应用示范阶段进入到商业化规模应用阶段。表5-1潮流能维度显示，英国、法国和中国已进入到商业化规模应用的推广阶段。

由于目前潮汐能电站仍受到投资大、成本较高等问题的制约。虽然有政策的支持，但投资方仍然比较犹豫和顾虑。若能得到融资方的响应，建成能发挥规模经济的电站就具有了现实可能性。

潮汐能技术已经商业化，世界最大的潮汐能电站已建成投产，新型潮汐潟湖电站的立项也已启动。不过遗憾的是从现有运行和在建的潮汐能电站来看都是由政府直接提供经费来源的，实现真正的靠市场推动的潮汐能发电商业化阶段的到来，还有待技术不断提高的同时带来建设成本的不断降低。

当今正处于新材料技术迅速发展，相信在不远的将来建设电站用的新材料就会不断出现。降低水坝建设和发电机的成本，提高能源转化效率，从而降低电站的建造成本；提高设备的耐腐蚀强度，延长电站运行寿命，不断提高项目的财务内部收益率，使项目从长远看变得经济合理，从而唤起投资者的热情。

纵观各国潮汐能技术创新实践可以发现，潮汐能发电技术成熟，规模效益明显，虽然投资大，回收期长，短期项目现金流有压力，但从完全寿命周期收益角度看，项目已具备商业化运作所需的条件。若能加大政府的引导性投入并推出合理的配套措施，潮汐能产业发展的临界点即将来到。

5.7.3 海流能技术创新比较分析小结

目前海流能发电技术的实验示范，主要是潮流能技术开发的运用。从国内外潮流能技术创新动态看，潮流能后来居上。表 5 - 1 中潮流能维度显示，中国、英国和韩国都有兆瓦级别的示范项目在商业运行，百兆瓦级潮流能发电场立项启动，表明潮流能技术基本成熟。OES - TPC（2015）发布的研究报告也认为，潮流能技术相对更为成熟，技术形态较为固定，未来一段时期内，潮流能技术发展重点在于提高兆瓦级潮流能发电技术的稳定性和可靠性，更多地积累更大规模的潮流能发电场建设及运行经验，从而带动潮流能发电成本的持续下降。

纵观各国潮流能技术创新实践可见，潮流能技术创新似有超越技术创新热点领域波浪能的趋势，技术成熟更快，已初步进入商业化推广阶段。

5.7.4 波浪能技术创新比较分析小结

1970 年之前，对波浪能利用的研究还主要针对波能转换装置的设计。20 世纪 80 年代以后研究才进入了以实用化、商品化为目标的应用示范阶段。但是，部分问题还没有得到解决，如转换率低、投资大、装置不稳定。表 5 - 1 中波浪能维度显示，从事发电机研究和项目示范的国家多，但上规模的发电机机组的运行多以测试为主，且规模化应用项目仍受制于技术进步水平。

由于波浪资源具有不稳定性，所以在开发利用波浪能资源时，不能单独采用一种装置来开发而是要采用不同的装置，这会造成开发成本和难度的增加。可见，技术尚不够成熟，规模化波浪能利用的技术创新尚处于海况实验阶段。

波浪能发电技术创新已经历了装置发明、实验室实验研究、海况实验等几个阶段，设计和建造中的问题已经基本解决，但大规模波浪能发电的成本还非常高，商业化开发还有很多困难。

5.7.5 海洋温差能技术创新比较分析小结

人类对于海洋温差能的研究虽然已有近百年历史，但表5-1中海洋温差能维度显示，海洋温差能电装置研究已取得成功，并进入到海况实验试验阶段。目前海洋温差能技术研发开始升温，50 kW海洋温差能电站实现并网运行，正在推进10 MW海洋温差能项目。

单纯的海洋温差能发电目前除了海岛军用外很难有其他的作用。但对边远的海岛，综合开发海洋温差能，当前在经济上就可能是有利的。如将发电、海水淡化、发展深海水产养殖和改善海岛居民居住环境等结合起来进行海洋温差能的综合利用，其经济效益就能大大提升。因为在发电的同时还可以进行海水淡化，抽出的深层冷海水可以用来发展深海水产养殖，发完电之后的冷海水还可以引入海水空调系统，夏天可以给室内供冷气。将发电、海水养殖及供应淡水结合起来综合开发，则能大大提高其经济效果，可能成为海洋温差能技术创新的一个重要路径。

OES-TPC（2015）发布研究报告也认为，海洋温差能技术从5 MW装置发展到100 MW装置阶段，LCOE总体上将下降40%~80%。未来一段时期内，需要积累更多的兆瓦级示范电站运行经验。基于前面的技术创新成果分析以及综合判断，虽然海洋温差能技术创新有所升温，但离商业化还比较遥远。

5.7.6 盐差能技术创新比较分析小结

目前，挪威在盐差能发电应用领域居于世界领先位置，美国、以色列的盐差能发电技术也比较成熟，瑞典和日本也对其进行了一定的探索。从全球来看，盐差能发电仍处于技术研发和海况实验阶段，装置的经济性能还比较低，但是盐差能发电与海水淡化结合起来综合开发是一个商业化应用的途径。

第 6 章　海洋可再生能源技术创新定量分析及阶段评价

6.1　基于科技成果统计的技术创新趋势分析

一种新的技术从技术原理和设想产生开始，到受到研究者关注和研究，所形成的研究成果数与技术的成长具有密切的关联性。研究成果数随技术的成长呈现出低速增长、加速增长、减速增长、零增长、负增长等不同增长特征，技术成果累计数则呈现出生命周期特征。利用学术成果统计量、技术发明专利统计量变化与技术成长周期的关系，对技术创新阶段进行评价，从而预测新技术的成长曲线；通过拐点、极值和斜率对新技术发展趋势进行预测；通过多技术预测手段的相互印证和技术创新实践的动态考察，评价各技术目前所处的成长阶段。

关于公开发表论文数量的统计量更多的是反映关于技术的理论研究和实验总结成果，而专利则是技术研发成果的直接反映，专利数统计量与技术成熟程度高度相关。

图 6－1 是以潮汐能、波浪能、海流能、盐差能和海洋温差能为主题在 SCI 和 EI 两大数据库搜索统计而成各年发表的论文数据为基础形成的折线图，由于波浪能的数据特别大，需从图的右侧纵坐标关注其论文数据。

表 6－1 是从中国专利局数据库搜索到的以中英两文为篇名搜集的关于各海洋能源发明专利数（以专利公开日为准），图 6－2 是根据表 6－1 形成的折线趋势图，同样由于波浪能数据特别大，发明专利数由右侧纵坐标轴观测。

表 6－1　海洋能专利成果统计表　　　　单位：个

年份	潮汐能	波浪能	海流能	海洋温差能	盐差能
2008	22	338	12	8	
2009	30	400	14	13	
2010	45	476	27	11	1
2011	74	630	30	21	0

续表

年份	潮汐能	波浪能	海流能	海洋温差能	盐差能
2012	99	708	106	26	3
2013	118	824	170	32	2
2014	121	820	203	26	3
2015	119	920	236	42	2
2016	125	1001	262	40	4

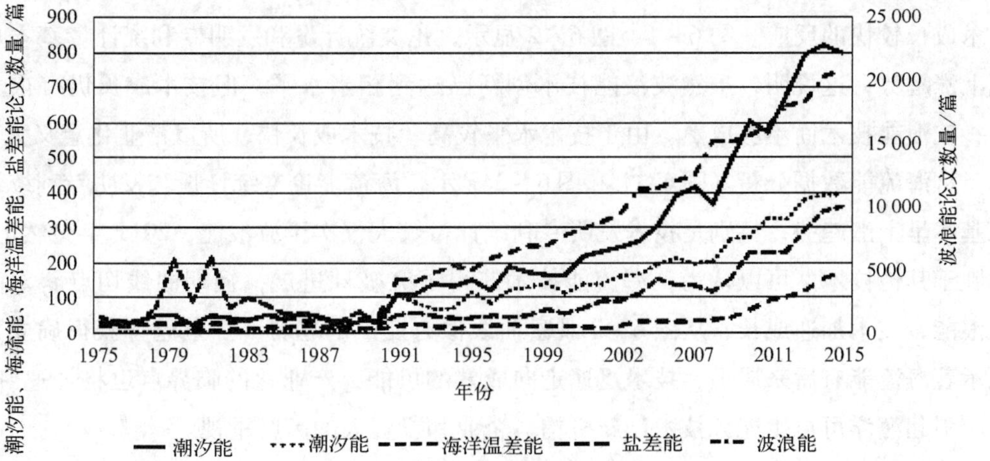

图 6－1　海洋能论文成果统计分析

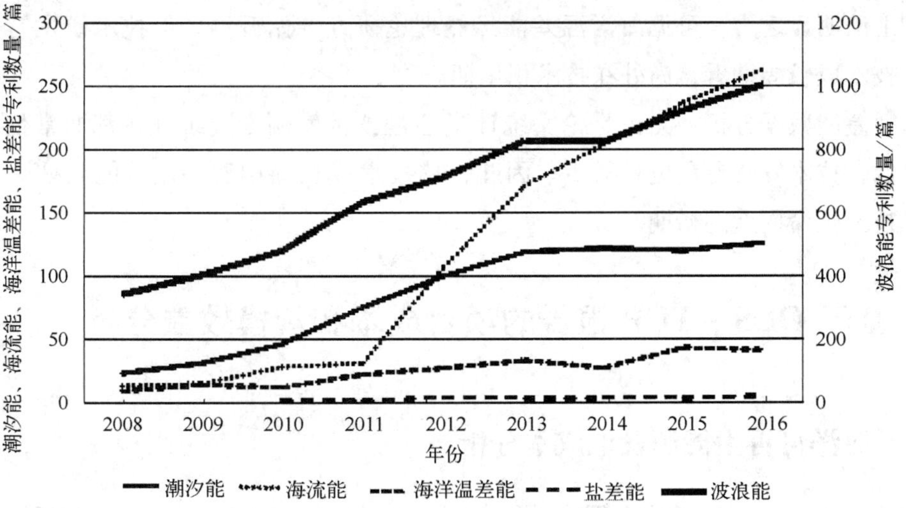

图 6－2　海洋能专利成果统计分析

从图6－1可以发现，论文统计量从1990年起迅速增长，表明海洋可再生能源的理论研究从20世纪90年代开始升温，图6－2则显示各技术路径的发明专利统计数据趋势相差很大，这说明各技术的成熟情况相差很大。

从潮汐能数据分析。图6－1显示论文统计量比较大，但在顶部似有拐点出现，图6－2显示发明专利2012年维持较高水平，但基本增加无几，曲线趋势变平，这表明潮汐能技术已走向成熟，技术产业阶段来临。

从波浪能数据分析。资料显示论文统计量和发明专利统计量都是最大量的，这里既有波浪能研究较早，技术路径较多，环境复杂等原因所致，也是技术研发资源丰富，技术成长较快的反应。图6－1、图6－2显示，论文统计量和发明专利统计量基本呈直线上涨趋势，这说明，虽然波浪能技术创新已达到相当水平，但技术成长仍有很大潜力，波浪能技术尚不够成熟。由于技术水平较高、技术成长快，所以产业化意义大。

从海流能数据分析。图6－1和图6－2显示，海流能论文统计量和发明专利统计量也基本呈上涨趋势，特别是技术发明专利统计量较大仅次于波浪能，2011年突然上升，远胜于其他技术。可以认为，海流能技术获得了突破性进展，短期曲线切点斜率高于波浪能，技术加速成长，从图6－2观察曲线似有变凸的趋势，一旦趋势获得确立，则预示着海流能有后来居上，技术迅速走向成熟的可能，产业化的临界点也将加速到来。这应引起海洋可再生能源技术创新机构、企业和投资人的高度重视。

从海洋温差能数据分析。表6－1和图6－1显示，技术发明专利统计量和论文统计量都较潮汐能、波浪能、海流能低，从趋势看，论文统计量虽有上涨趋势，但技术发明专利上涨明显乏力，可见海洋温差能虽然理论研究开始升温，但技术研发有突破趋势，从技术成长周期看，尚处在技术积累期。

从盐差能数据分析。无论是论文统计量还是技术发明专利统计量都非常低，在比较中最低，技术发明专利更是稀少。因此，从技术成长周期看，盐差能尚处在理论研发期，技术生命周期的初期。

6.2 基于OES－TCP报告的项目成本和规模效益分析

6.2.1 海洋可再生能源发电成本分析

2015年5月28日，OES－TPC（Technology Collaboration Programme，2015）发布的“国际海洋能技术均化发电成本”（International Levelised Cost of Energy for Ocean Energy Technologies）研究报告（以下简称“报告”），对波浪能、潮流能、海洋温差能技术的

发展路径和均化发电成本（Levelised Cost of Energy，LCOE）进行了综合分析。表6－2是国家海洋技术中心（2016）据此整理的海洋能均化发电成本分析。

“报告”当年认为，目前国际海洋能技术尚处于初级阶段，数据显示波浪能、潮流能、海洋温差能发电装置建造成本（Capital Expenditure，CAPEX）中值分别为11 000美元/kW、9 850美元/kW、35 000美元/kW，折合成人民币（当年平均汇价1美元＝6.2元人民币计算，下同）分别为6.82万元/kW、6.107万元/kW、21.7万元/kW；年均运行维护成本（Operating Expenditure，OPEX）中值分别为820美元/kW、660美元/kW、1120美元/kW，折合成人民币分别为5 084元/kW、4 092元/kW、6 944元/kW。

表6－2　海洋能均化发电成本分析

装置布放阶段	参数	波浪能		潮流能		海洋温差能	
		最小	最大	最小	最大	最小	最大
第一代发电装置阵列/第一代发电场	总装机容量/MW	1	3	0.3	10	0.1	5
	CAPEX/（美元/kW）	4 000	18 100	5 100	14 600	25 000	45 000
	OPEX/［美元/（kW·a）］	140	1 500	160	1 160	800	1 440
第二代发电装置阵列/第二代发电场	总装机容量/MW	1	10	0.5	28	10	20
	CAPEX/（美元/kW）	3 600	15 300	4 300	8 700	15 000	30 000
	OPEX/［美元/（kW·a）］	100	500	150	530	480	950
	利用率（%）	85	98	85	98	95	95
	功率系数（%）	30	35	35	42	97	97
	LCOE/（美元/MW·h）	210	670	210	470	350	650
第一代商业化发电场	总装机容量/MW	2	75	3	90	10	100
	CAPEX/（美元/kW）	2 700	9 100	3 300	5 600	7 000	13 000
	OPEX/［美元/（kW·a）］	70	380	90	400	340	620
	利用率（%）	95	98	92	98	95	95
	功率系数（%）	35	40	35	40	97	97
	LCOE/（美元/MW·h）	120	470	130	280	150	280

资料来源：OES—TPC：International Levelised Cost of Energy for Ocean Energy Technologies，2015.5.28。

2020年以后，波浪能、潮流能、海洋温差能发电装置建造成本中值将下降到5 900美元/kW、4 450美元/kW、10 000美元/kW，折合成人民币分别为3.658万元/kW、2.759万元/kW、6.2万元/kW，年均运行维护成本中值将下降到225美元/kW、245美元/kW、480美元/kW，折合成人民币分别为1 395元/kW、1 519元/kW、2 976元/kW；均化发电成本中值将下降到29.5美分/（kW·h）、20.5美分/（kW·h）、21.5美分/

(kW·h)，折合成人民币分别为1.829元/(kW·h)、1.271元/(kW·h)、1.333元/(kW·h)。装置建造成本降幅达46.3%~71.4%，年均运行维护成本降幅达57.1%~72.6%。

在潮流能发电技术成本分析方面，“报告”认为，潮流能技术相对更为成熟，技术形态较为固定，未来一段时期内，潮流能技术发展重点在于提高兆瓦级潮流能发电技术稳定性和可靠性，更多地积累更大规模的潮流能发电场建设及运行经验，从而带动潮流能发电成本的持续下降。根据表6-2数据，按最大装机容量90 MW计算，第一代商业化发电厂发电成本280美元/(MW·h)，折合人民币约为1.736元/(kW·h)，按“报告”2020—2025年波浪能LCOE将下降61%的预测，则到2025年潮流能均化发电成本可下降到0.68元/(kW·h)。

在波浪能发电成本分析方面，根据表6-2数据，按最大装机容量75 MW计算，第一代商业化发电厂发电成本470美元/(MW·h)，折合人民币约为2.9元/(kW·h)，按“报告”中2020—2025年波浪能均化发电成本将下降50%~75%的预测，则到2025年波浪能均化发电成本可下降到0.75~1.45元/(kW·h)。

在海洋温差能发电成本分析方面，根据表6-2数据，按最大装机容量100 MW计算，第一代商业化发电厂发电成本280美元/(MW·h)，折合人民币约为1.736元/(kW·h)。

6.2.2 规模效益分析

规模效益分析在这里是指装机容量的提高对均化发电成本下降的影响分析。为了便于对规模效益观察和分析，以X代表总装机容量，一种装置的均化发电成本与总装机容量的关系可用LCOE/X衡量，记作Y，其观察值越小越经济，系统性价比越高。大装机容量系统对小装机容量系统是否存在规模效益，可建立$\Delta Y/\Delta X$指标来观察，这是系统规模效益的度量，也可以直接解读为对规模成本下降的度量。若该指标为负数则存在规模效益，负数越大则规模效益越明显。采用表6-2中的数据，计算出的相关指标见表6-3。由表6-3可知，无论在第二代发电场，还是在第一代商业化发电场阶段，波浪能、潮流能、海洋温差能发电装置计算出的$\Delta Y/\Delta X$指标都是负值，都具有规模效益，就可理解为规模成本下降。很显然，波浪能、潮流能在第二代发电场规模成本下降比较快，进入第一代商业化发电场阶段。规模成本下降明显，这一轮规模成本快速下降后的规模成本下降减速，可以验证二者技术成长已经取得突破性进展，将进入到逐步成熟的阶段。第一代商业化发电场潮流能的$\Delta Y/\Delta X$数值明显低于波浪能的取值，可见潮流能技术更趋成熟。海洋温差能的$\Delta Y/\Delta X$始终非常小，这足以证明海洋温差能技术尚未取得突破，仍处在技术积累阶段。

表 6-3 海洋能规模效益分析

装置布放阶段	参数	波浪能		潮流能		海洋温差能	
		最小	最大	最小	最大	最小	最大
第二代发电装置阵列/第二代发电场	总装机容量（MW）$=X$	1	10	0.5	28	10	20
	LCOE/［美元/(MW·h)］	210	670	210	470	350	650
	$Y=\mathrm{LCOE}/X$	210	67	420	16.7	35	32.5
	$\Delta Y/\Delta X$	−15.9		−13.56		−0.25	
第一代商业化发电场	总装机容量/MW	2	75	3	90	10	100
	LCOE/［美元/(MW·h)］	120	470	130	280	150	280
	$Y=\mathrm{LCOE}/X$	60	6.27	43.3	3.1	15	2.8
	$\Delta Y/\Delta X$	−0.74		−0.46		−0.14	

6.3 海洋可再生能源技术创新阶段评价

在上述技术成果分析、成本分析和规模效益分析基础上，结合第5章基于各个国技术创新实践的创新阶段分析，对海洋可再生能源技术创新阶段进行评价。

6.3.1 潮汐能发电技术创新阶段评价

据《东方早报》报道，我国现在仍在运行的海山潮汐能电站建成于1975年，已并入华东电网，上网电价0.46元/（kW·h），而发电成本是1.8元/（kW·h）。如果以现今每年40×10^4 kW的发电量计算，年亏损额在50万元左右，海山电站已处于半运营状态。

温岭江厦潮汐能试验电站是中国目前最大的潮汐能发电站，现在靠高额的电价补贴［2.58元/(kW·h)的上网电价］维持着。当然这是早年技术水平下建造的电站，不能完全反映目前技术水平下的成本。

在中国与荷兰的合作研发中，斯泰恩预计，研究项目发电的成本为10~15美分/(kW·h)［合0.62~0.93元/(kW·h)］。可见随着技术的发展，潮汐能发电成本会逐渐下降，但目前的发电成本仍然比较高。

从2015年底已完成的温州瓯飞万千瓦级潮汐能电站项目研究资料看，成本下降还不能太令人满意。电站总装机容量451 MW，采用41台单机容量11 MW机组，额定水头3.5 m。工程静态总投资为473.41亿元，总投资565.47亿元。发电工程部分总投资

(87.7 亿元)，按资本金财务内部收益率 8% 预算，电站经营期平均出厂电价需要达到 1.503 元/（kW·h)，可见其设计系统的发电成本仍然较高。

以上案例测算有两个问题值得关注：第一是按资本金财务内部收益率 8% 预算，这里值得商榷，对于政府和国家鼓励的项目，若能获银行长期低利率的资金支持（6%），则得出的结论会相差很大，对电站经营期平均出厂电价需要会降低不少，这里需要认真测算；第二，这是单纯从发电项目考察的数据，若能从项目综合开发角度测算（因为潮汐能项目往往是综合开发项目）其经济效益还会提升。

基于以上的分析，虽然目前单纯发电项目经济效益尚不具有市场优势，但在政府综合政策作用下项目综合效益仍然可以得到提升，同时还有考虑到国际上流行的碳信用度和交易机制带来的化石能源项目与清洁能源项目成本之间的平衡机制的调节作用，本研究认为潮汐能技术创新的商业化推广和产业化发展阶段已经来临。

6.3.2 海流能技术创新阶段评价

技术创新成果的统计分析显示潮流能从 2011 年以来发展速度加快，大有加速成熟之势；成本分析显示潮流能成本下降快，规模效益明显，2020—2025 年期间潮流能均化发电成本可下降到 0.68 元/(kW·h)，考虑到清洁能源的外部经济效益，届时潮流能发电技术将具有一定市场竞争力。OES - TPC（2015）发布的研究报告也认为，潮流能技术相对更为成熟，技术形态较为固定。

综合第 5 章中各国潮汐能技术创新实践，笔者认为，潮汐能的商业化很可能会超预期的提前到来。政策配合下的技术商业化阶段已经来临，2020—2025 年将是商业化推进和产业化发展的机遇期。

6.3.3 波浪能技术创新阶段评价

波浪能发电技术创新已经历了装置发明、实验室实验研究、海况应用示范等几个阶段，设计和建造中的问题已经基本解决，但大规模波浪能发电的成本还难与常规能源发电竞争，成本分析显示，目前波浪能发电成本达到 2.9 元/(kW·h)，2020—2025 年成本下降预测也不及海流能明确。但某些小功率波浪能发电装置已在导航灯浮标、灯桩、灯塔等特殊用途上获得推广应用。在一些偏远的海岛上，小型波浪能发电装置已可与柴油发电机组来竞争。技术创新的方向是要建造达到商业化利用规模的波能装置，降低成本，提高效率和可靠性。

OES - TPC（2015）发布研究报告也认为，波浪能技术种类较多，技术形态仍处于发散期，由于波浪能技术种类较多且多数示范效果尚未有突破进展，下一步还需在装置研发及示范运行上投入较多。

本研究认为，大规模波浪能利用技术研发路径尚处于发散状态，技术商业化阶段尚不明朗，规模化波浪能利用的技术创新仍应加大研发力度，需要从技术上加以突破，2020—2025 年可能是技术突破和商业化的推进阶段。

6.3.4 海洋温差能技术创新阶段评价

技术成果分析显示，海洋温差能技术发明专利少，而且上涨明显乏力；成本分析显示，虽然目前折合人民币约为 1.736 元/(kW · h)，跟潮流能相当，但是成本下降难度较大。其原因一是技术发明少；二是规模效益很小，成本下降难。

本研究认为，海洋温差能成本下降遇到技术瓶颈，规模化应用的商业化难以预测，技术创新尚处于研究开发阶段。但是以目前的技术和成本虽不能引起资源的规模化利用，但对边远的海岛，综合开发海洋温差能，当前在经济上就可能是有利的。将发电、海水养殖及供应淡水结合起来综合开发，则能大大提高其经济效果，可能成为海洋温差能技术创新的一个重要路径。

6.3.5 盐差能技术创新评价

盐差能论学术成果和发明专利都非常少，技术发明专利更是寥寥无几。因此，从技术成长周期看，盐差能尚处在理论研发期以及技术生命周期的初期。

第 7 章 海洋可再生能源技术创新战略与政策比较分析

本章分别对主要海洋技术先进国和国内各地区技术创新项目和政策环境进行梳理，为浙江省海洋可再生能源技术创新对策制定提供充实的参考资料。国外选择的是英国、美国、法国、日本、韩国等海洋可再生能源技术创新先进国家。对我国国家层面和地区层面的战略与政策也进行了梳理。

7.1 国外海洋可再生能源技术创新战略与政策

7.1.1 英国的战略与政策

在英国的立法、政策、规划、资金支持、重点开发领域章节中，根据丁娟等（2013）、唐刚（2014）、张晏瑲（2014）、晏清等（2012，2014）、王金平等（2012）及张宪昌（2014）和国家海洋技术研究中心提供的文献资料进行整理研究，并在其基础上进行梳理。

1）立法

20 世纪 70 年代起，英国就制定并颁布了《电力法》《非化石燃料义务》，鼓励发展可再生能源。2002 年实施的《可再生能源义务法令》对英国合格的可再生能源电力的范围和指标作出了规定。2004 年，英国《能源法》获得通过，推动了近海风电工程的发展。2009 年颁布的《英国可再生能源计划》将海上可再生能源纳入规划。2010 年针对性地专门颁布了《海洋能源行动计划 2010》，将海洋可再生能源产业的发展上升到国家战略高度。

2）规划

为了协调可再生能源产业发展与其他相关产业之间的关系，英国先后颁布了一系列海洋空间规划以及法案：《爱尔兰海自然资源保护的海洋空间规划》（2004）、《苏格兰海洋可持续环境行动方案》（2005）、《苏格兰海：为了更好地了解其状态》（2008）、《海洋和海岸准入法》（2009）、《海洋法（苏格兰）》（2010）。2010 年成立了专门的海洋管理组织，以加强对海域空间的管理与协调，在北海大部分地区展开空间规划。

3）资金支持计划

2004 年 8 月，英国政府设立了 5 000 万英镑专项资金，重点开发海洋能源；2010 年英国皇家资产管理局和苏格兰政府投资 40 亿英镑，建立了 5 个波浪能和潮汐能发电站，总发电能力达 60 万 kW。2010 年英国技术战略委员会投资波浪能和潮汐能发电研究工作达 700 万英镑。苏格兰波浪能计划（WES）于 2014 年由苏格兰政府高地和群岛行政区建立。截至 2016 年底，WES 提供近 1 450 万美元（1 180 万英镑）支持波浪能项目研发。此外，2017 年初又向 10 个波浪能项目提供 370 万美元（300 万英镑），用于开发新型材料和制造工艺。欧洲投资银行向芬兰 AW－Energy 公司提供1 010 万美元（1 000 万欧元）的贷款，以推动 Wave Roller 技术产业化，计划在葡萄牙安装一台 350 kW 全比例样机。

4）政策

英国具有丰富的海洋可再生能源，为鼓励海洋可再生能源发展，英国政府早在 2000 年就规定从事海洋可再生能源的企业可获得政府补助金，波浪能发电和潮汐能发电被纳入合格的可再生能源电力的范围，并对使用海洋风能发电的企业和居民免征气候税。2003 年初英国政府公布的《能源白皮书》，制定了在 2020 年将英国可再生能源增加到 20% 的目标。这项政策的出台为英国海洋可再生能源开发指明了方向。英国政府 2010 年发布的《海洋能源行动计划 2010》，描绘与展望了英国 2030 年海洋能源前景，并制定了实现这些计划的具体措施。这些措施主要包括设立海洋能源发展协调小组、引导私有资金进入、推动技术研发、建立和完善海洋能源产业链等。2011 年制定的《英国海洋产业增长计划》对英国海洋可再生能源产业进行了详细的战略指导和规划。

5）重点支持的开发领域

由于潮汐能技术已经成熟，英国海洋可再生能源技术创新现阶段的重点是海流能和波浪能。海流能和波浪能都有政府支持的著名项目取得成功，并进一步加大示范和推广力度。

7.1.2 美国的战略与政策

在美国的立法、政策、规划、资金支持、重点开发领域章节中，根据王金平等(2012)、张宪昌（2014）、晏清（2012）、丁娟等（2013）、乐欢（2014）和国家海洋技术研究中心提供的文献资料进行梳理。

1）立法

早在1978年美国为了将单纯追求石油、天然气的供应转变到以节约能源和发展清洁能源为目的的政策上来，出台了《国家能源法》，其子法案《能源税法》为了提高能源效率和可再生能源应用，在税收和税收抵免制定了明确的法律规定，为可再生能源发展提供了多种多样的税收优惠政策和5年的加速折旧方案。1980年出台的《能源安全法》中特别重视对海洋热能发展的制度规定。1992年出台的《能源政策法》，就鼓励可再生能源发展设立了特别的政策规定，包括减税措施、输电网、电力开发商，电力供应竞争等方面。2005年的《2005国家能源政策法》旨在推动发展新能源，实现国内能源生产的多样化减少对国外能源的依赖，确保国家未来能源安全。2009年的《2009年美国复兴与再投资法案》，赋予了新能源财政激励的权利。其中能源部能源效率和可再生能源局（EERE）获得财政拨款168亿美元，接近2008年的10倍。2011年的《美国能源法》，为减少可再生能源开发成本，特别扩大了联邦机构的行政权限，创设了有利于可再生能源发展的新制度体系。

2）规划

2010年美国能源部下属的可再生能源实验室发布的《美国海洋水动力可再生能源技术路线图》，阐明了美国未来重点发展的海洋可再生能源包括：波浪能、潮汐能、海流能、海洋热能和渗透能。用于商业的美国海洋可再生能源装机容量到2030年将达到23 GW。

3）资金支持计划

2016年美国能源部向位于俄勒冈州的西北国家海洋可再生能源中心拨款4 000万美元，建设一个全比例并网的波浪能试验场。2017年6月15日，美国能源部宣布投入近1 200万美元推动波浪能项目。被资助的能源创新项目4个，其中两个项目是对波浪能（WEC）样机进行海试及技术示范；另外两个项目将解决初期MHK技术发展面临的问题。

（1）俄勒冈州的 AquaHarmonics 公司将在开放海域对更大比例波浪能装置进行测试，在保持低成本的同时进一步提升装置性能。

（2）加利福尼亚州波浪电力技术公司（CWPT）将对其全比例波浪能装置进行海试，并且进行技术验证和成本估算。

（3）俄勒冈州的波特兰州立大学将开发具有密闭壳体的多级磁齿轮发电机，以提高 MHK 设备的成本，可靠性和效率。

（4）加利福尼亚州的 RCS 公司将集成雷达及浮标的波浪测量值，更好地对波浪进行预报，提高 WEC 的波浪能转换效率。

4）政策

美国分别在 2004 年和 2007 年制定和实施《美国海洋行动计划》和《规划美国未来十年海洋科学事业：海洋研究优先计划和实施战略》，确立了大力发展海洋可再生能源的基本方针。

5）重点支持的开发领域

美国重点支持的领域是波浪能和潮汐能的技术创新。美国能源部重点资助了液体动力学技术的研发，以促进这些在海洋能领域有前景的技术的发展。能源部重点支持了新泽西州的海洋能技术公司计划，研发和完善 PB150（一种长达 100 多英尺的计算机浮标），在俄勒冈州近海部署其波浪能设施，建造一个 1.5 MW 波浪能入网电站。联邦能源管理委员会批准美国绿色能源公司在美国境内首个商用潮汐能发电项目——罗斯福岛潮汐能项目，计划在纽约市东河安装 30 个 35 kW 的商业级潮汐能涡轮机，组网总装机容量达到 1 MW。

7.1.3 法国的战略与政策

在法国的立法、政策、规划、资金支持、重点开发领域章节中，根据晏清（2012）、张晏謏（2014）、罗国强等（2011）、王琦等（2011）、马与雄（2012）、田小惠等（2017）和国家海洋技术研究中心提供的文献资料进行梳理。

1）立法

2005 年，法国颁布和实施的《确定能源政策定位的能源政策法》就法国未来能源政策、项目和焦点问题进行具体规定，采取一系列激励和财政措施确保可再生能源发展。2009 年的《格纳勒格法案一》要求到 2050 年实现可再生能源利用比例达到 23%

的目标。2010 的《格纳勒格法案二》（Grenelle2）用一整章专门对可再生能源规范进行规定。2015 年的《绿色发展能源过渡法》规定了法国应对气候变化和能源转型的中长期政策目标，并规范了全体公民、企业、政府等如何参与并加快法国全社会绿色发展与能源转型的过程。

2）规划

为应对气候变化并提高国民经济水平，2011 年法国制订的“国家行动计划”将可再生能源占全国能源的比重在 2020 年的提升至 23%。

3）资金支持计划

2008 年的《发展可再生能源的计划》规定，在 2009—2010 年间政府拨款 10 亿欧元设立可再生热能基金。法国自 2012 年以来已投入近 8 000 万欧元用于发展海洋可再生能源，为海上风电、潮汐能发电等 5 大科技项目投入 4 000 万欧元。

4）政策

1990 年法国通过法案，成立了法国环境与资源管理。该机构对法国政府生态环境与能源政策的制定起到辅助作用。自 21 世纪开始，法国的新能源政策的制定重点转向电力行业，2003 年颁布和实施的《可再生能源发电计划》还将可再生能源纳入供给电力生产的计划之中，以利于促进可再生能源的发电利用率，之后颁布的相关法案也对可再生能源的发电应用需求作了规范。

5）重点支持的开发领域

法国可再生能源技术创新历史悠久，重点支持的领域主要是潮汐能和，潮汐能和海洋温差能。为了加快海洋可再生能源技术创新的发展，法国建设起了以政府为主导的海上试验场及测试平台——法国 SEM - REV 近海试验场。

7.1.4 日本的战略与政策

在日本的立法、政策、规划、资金支持、重点开发领域章节中，根据程永明（2012）、沈洊等（2009）、刘同良（2012）、付饶等（2013）、饭田哲也等（2014）、张季风（2015）、王俊等（2012）、余勇强（2017）和国家海洋技术研究中心提供的文献资料进行介绍研究，并在其基础上进行梳理。

1）立法

1993年日本国会制定的《环境基本法》，提出“新阳光计划”，以此促进新能源领域的革新技术。1997年实施的《关于新能源利用等促进的特别措施法》为新能源技术创新研究机构获得低利息的贷款提供法律保证。2002年制定的《能源政策基本法》，是从宏观上统领日本能源法律体系的基本法。2003年实施的《新能源特殊措施法》提出电力公司有一定的责任和义务推行和采用新能源发电技术。这就从法律上进一步推进了新能源技术的推广和应用。2003年实施的《海洋基本法》和《海洋构筑物安全水域设定法》，以此为依据创设了综合海洋政策研究本部。2007年，日本内阁会议通过的《2007能源白皮书》从战略高度提出了日本在能源领域发展的中长期举措。2008年，根据《海洋基本法》，日本内阁批准实施了《海洋基本计划》，要求重点开展各类海洋能的可行性研究、提升技术性能及经济性能，并指出人类在开发利用海洋能源时应协调与海洋的关系。2013年正式颁布《农村、山村、渔村可再生能源法》，为可再生能源开发用地作出了有利的制度安排。日本政府于2014年通过的新《能源基本计划》，提出从2013年开始的3年左右时间里，要最大限度地加快导入可再生能源的速度，之后也要积极推进。为此，日本政府将强化系统、合理化规制，并开展低成本化研究工作。通过这些举措，力争设置比过去的能源基本计划更高的目标，将其作为研究能源机构时的参考。

2）规划

为促进日本海洋新能源技术的发展，日本先后提出的一系列规划都与海洋可再生能源技术的开发和应用有关，主要有“新能源开发计划”（1974，又名“阳光计划”）、“月光计划”（1978）、“新阳光计划”（1990）、《新能源引进大纲》（1994）、《关于新能源利用等的促进特别措施法》（1997）、《新国家能源战略》（2006）、《规制改革实施计划》（2013）、《能源基本计划》（2014）。

2011年，日本东海岸大地震后，日本的能源方针变为“缩减核能利用，寻找替代能源”。日本政府设立了“海洋能技术研发”计划，计划总预算约为38亿日元，实施周期为2011—2015年，旨在加快推进日本海洋能研究计划的发展。2011年，在经济贸易和工业省的支持下，日本新能源产业技术综合开发机构设立了综合为10亿元的研发计划，以促进海洋能开发装置的实际应用和商业化进程，特别是波浪能、潮流能以及海洋温差能装置。此外，该计划还支持海洋能基础理论研究。日本环境省于2012年公布了在2030年之前使可再生能源发电比例占3成的目标。2014年日本通过新的《能源基本计划》给出可再生能源“2020 年达到 1 414 亿 kW·h，2030 年达到 2 140 × 10^8 kW·h”（含水力）的目标参考值。

3）资金支持计划

为了推进“新阳光计划”的研究，日本政府每年提供 570 多亿日元的研究资金，主要是研究太阳能发电技术，也支持海洋可再生能源技术的开发。日本政府除了在可再生能源领域提出一系列的科学研究计划以及出台相关促进法律法规外，还不断进行资金的投入，或者采用政府补贴的方式进行可再生能源技术的推广。

4）政策

2011 年，福岛核泄漏事故之后，日本政府对能源政策进行了重新审视，当年的“能源、环境会议”对国家能源政策重新进行了研究评估，调整后的能源政策将可再生能源的推广和发展列为日本最为紧迫的课题。当年 9 月通过的日本“创新性能源、环境战略”要求日本能源体系向分布式能源体系转变。

2011 年，“绿色投资减税”制度开始实施，2013 年又进一步扩大了减税制度所适用设备的范围，并延长了其适用期限。在土地使用方面，日本政府于 2013 年提出了旨在促进可再生能发展的整合农、林、渔业用地的新规定。

2011 年，日本国会通过了旨在推广和利用的可再生能源发电固定价格收购制度（FIT）。FIT 规定，政府每年必须定期确定可再生能源发电的收购价格和收购期限。

日本还从可再生能源促进组织方面为可再生能源用电提供保障机制。东日本福岛地震后，环境省展开了“社区主导型可再生能源事业研究委托业务”，成立和运营协调委员会组织，协助社区投资人达成再生能源项目合作意愿，制订具体的开发计划，以此促进地方再生能源事业发展，

5）重点支持的开发领域

日本学术界认为，风能将占日本全体可再生能源的 90%，海上风电前景最为人看好。2013 年，冲绳县尝试了新的海上能源开发方式——利用海水的温差发电。

7.1.5 韩国的战略与政策

在韩国的立法、政策、规划、资金支持、重点开发领域章节中，根据谢晶仁（2010）；钱伯章（2011）；孙晓仁，郭茂林，武金旺（2008）；许泰秀（2010）；杨明（2012）；束必铨（2012）和国家海洋技术研究中心提供的文献资料进行梳理。

1）立法

1987 年，韩国政府实施了《新能源和可再生能源发展促进法》，为配合该法的实施制定了《新能源和可再生能源技术发展基本纲要》（以下简称《纲要》），该《纲要》提出了未来 10 年韩国能源技术发展的重点和目标。2005 年，韩国又制定和实施了《新能源和可再生能源开发、使用和传播促进法》，以促进可再生能源技术的创新与推广。2013 年实施了《低碳和绿色增长框架法》以及《促进新能源和可再生能源开发、利用和推广法》，与时俱进地为可再生能源发展提供制度支持。

2）规划

1992 年，韩国政府从国家战略高度，提出了 G－7 高技术发展计划，G－7 计划旨在与发达国家竞争。该计划在先导技术开发项目安排中，就有 21 项在新能源及可再生能源领域。

从 1997 年以来，韩国先后制定和实施了 3 期“新能源和可再生能源基本计划”，2009 年推出了第三期基本计划，计划期延续到 2030 年。

2002 年，韩国推出名为《韩国 21 世纪海洋》的国家海洋战略，分别由 100 个具体计划组成。要求到 2030 年韩国潮汐能和海水温能发电总容量达到 264 万 kW。2004 年实施的《海洋科学技术开发计划》明确提出重点利用潮汐能发电的推广项目。

于 2008 年发布的《新能源及海洋可再生能源研发及示范战略 2030》和 2009 年发布的《海洋能研发行动计划进展》，规定了韩国海洋能发展路线图。韩国海洋能发展战略目标被分为 3 个阶段：在至 2012 年的第一阶段，主要由政府资助支持发展为适合沿海地区供电的海洋能关键技术；在 2013—2020 年的第二阶段，发挥相关实业主体在投资、技术研发和工程的重要作用，远海海洋能资源开发的技术将成为技术发展方向；在 2021—2030 年的第三阶段，相关实业主体将引领海洋能商业性开发，多种海洋可再生能资源综合利用的技术将逐步兴起。按此战略实施，至 2030 年韩国清洁能源将满足国家总能源需求的 11%，预计海洋能在新能源以及可再生能源总量的占比提升到 4.3%。

韩国海洋和渔业部与贸易、工业和能源部联合制定发布了韩国“中长期清洁海洋能发展规划（2015—2025）”。该战略计划的主旨是实施海洋能研发支持计划，以此促进海洋能的分布式应用。

3）资金支持计划

《韩国 21 世纪海洋》要求，到 2010 年，韩国海洋等研究开发投资预算提高到国家总研究开发预算的10%，预期达到发达国家水平。配套实施“韩国海洋资助计划”，资助实业界、学术界和研究院所之间的联合研究开发活动。

由于海洋能技术成熟度尚未达到商业化应用，限制了韩国公共资金对海洋能开发利用技术研发及示范的投入。韩国目前由国土运输和海洋事务部和知识经济部负责促进海洋能开发利用技术研发及示范，国土运输和海洋事务部负责《实用性海洋能科技发展计划》支持开展海洋能示范工程项目的建设，知识经济部负责《新能源及可再生能源技术发展计划》支持海洋能基础性技术研发。

4）政策

韩国的强制性上网电价政策在2002年建立。海洋能的上网电价主要针对潮汐能，最初的海洋能上网电价适用始于装机容量达50 MW以上的始华湖潮汐能电站。2006年重新对新能源和可再生能源馈入标准价格进行了调整，以促进其发展。

韩国政府宣布可再生能源配额制于2012年全面向实业公司实行，2012年可再生能源发电量占比达到2%，2020年，韩国国内发电量的10%预计由可再生能源提供，其中海洋能源占4.3%，以激励海洋能开发。

韩国为了促进新能源和可再生能源的发展，政府制定了一系列关于补贴、优惠贷款、税收优惠等的相关激励政策。补贴主要有两种：一是对于具有市场潜力的示范项目，最高补贴可达安装费用的80%；二是对于已经进入商业化阶段的推广项目，最高补贴可达安装费用的60%。

韩国还制定实施了“贷款和税收激励计划”，对制造企业和消费者提供长期低息贷款。支持贷款最高可达项目总投资的90%。此外，从所得税或公司税中还允许减除10%左右的投资。

5）重点支持的开发项目

（1）波浪能量转换器浮标阵列：该项目自2016年12月启动，为期4年，装机1 MW。旨在开发浮标阵列、浮动平台和旋转电缆系统的基础设计。该项目预计到2020年结束，并在济州岛附近海域完成海试。

（2）海洋能试验场：波浪能试验场位于济州岛，于2016年5月开始建设，预计在2019年12月完成。韩国船舶与海洋工程研究所（KRISO）负责项目开发，该试验场具有5个泊位装机容量达5 MW。浮摆式波浪能装换器装机达300 kW，预计于2017年在第四个泊位进行测试，水深40 m。潮流能试验场于2016年底开始建设，计划于2017年5月至2021年12月期间建造5个泊位，装机达4.5 MW。

（3）500 kW 级 Yongsoo OWC 测试平台：Yongsoo OWC 测试平台建设于2016年7月完成，安装在距离济州岛海岸线1.5 km 海域。该装置配有脉冲涡轮机和250 kW 发电机，并由22.9 kV 水下电缆连接，目前正在试运行。通过分析试运行的早期性能数据得出，OWC 舱、涡轮机和发电机的最大效率分别为52.7%、40.0%和91.7%。

（4）INWave 岸基 WEC 发电站：INWave 岸基 WEC 发电站由 INGINE 公司开发，其关键设备安装在陆上，吸能装置安装在海岸线附近海域。因该装置规模小无需海底电缆，所以具有经济可行性。该试验电站于2015年底在济州岛首次安装且并网运行，装机达135 kW。

（5）SUPRC 20 kW OTEC 装置和200 kW HOTEC 装置：20 kW 海水海洋温差能装置和200 kW 高温差海洋温差能发电装置（H－OTEC）在固城郡（Goseong）的海水利用装置研究中心（SUPRC）运行并进行性能测试。SUPRC 是 KRISO 下属研究中心，专注于深海水应用研究。SUPRC 20 kW OTEC 装置在31℃温差下循环效率达到2.1%，200 kW HOTEC 装置在75℃温差下循环效率达到7.7%。目前，KRISO 正准备200 kW HOTEC 装置进行示范验证。

（6）主动控制潮流能发电系统：该项目旨在开发和示范主动控制、高效低成本200 kW 潮流能装置（TEC），适用于浅海条件下运行（>20 m/s）。该 TEC 装置和基础设施由 KIOST 和 HDEC 在2016年制造和部署。其余部分预计于2017年完成，2017—2018年期间对其进行性能示范。

（7）SUPRC 1 MW 海洋温差能示范电站：SUPRC 1 MW 海洋温差能示范电站由 KRISO 负责建造，计划于2018年在韩国东海岸完成1 MW 示范电站的建设和短期运营，随后于2019年在 Tarawa 长期运营。

目前，韩国海洋能发展主要集中在技术示范及促进产业化阶段。2016年，新项目的启动推动了海洋能产业的发展。潮流能发电已经正式获得可再生能源证书（REC）制度支持，目前波浪能和海洋温差能发电也被考虑纳入其中。

2012年，韩国利用现有的防洪农用堤道，完成了世界上最大的坝式潮汐能电站——位于京畿道，254 MW 的 Sihwa Lake 潮汐能电站。

7.2 我国海洋可再生能源技术创新的战略与政策

7.2.1 立法

1995年颁布实施的《中华人民共和国电力法》第五条规定：“电力建设、生产、供应和使用应当依法保护环境，采用新技术，减少有害物质排放，防治污染和其他公害。”1997 年颁布实施的《中华人民共和国节约能源法》（2007 年修订）第七条规定：“国家鼓励、支持开发和利用新能源、可再生能源。”2005 年颁布实施的《中华人民共和国可再生能源法》（以下简称《可再生能源法》）（2009 年有修订）第二条规定：“本法所称可再生能源是指风能、太阳能、水能、生物质能、地热能、海洋能等非化石能源。”这是我国第一次将海洋能正式写入法律中。这些法律体现了我国对可再生能源的基本制度规定。

为配合《可再生能源法》的实施，国家有关部门又相继颁行了一系列政府规章，极大地促进了我国可再生能源的开发利用。其中与海洋能发电相关的有：《可再生能源发电有关管理规定》［国家发展和改革委员会（以下简称“国家发改委”），2006］；《可再生能源发电价格和费用分摊管理试行办法》（国家发改委，2006）；《可再生能源电价附加收入调配暂行办法》（国家发改委，2007）；《可再生能源发展专项资金管理暂行办法》（财政部，2006）；《电网企业全额收购可再生能源电量监管办法》（国家电力监管委员会，2007）；《海洋可再生能源专项资金管理暂行办法》（国家海洋局会同财政部，2010）。

7.2.2 战略与规划

1）海洋强国战略

2012 年，党的十八大提出了“建设海洋强国”目标，将建设海洋强国上升为国家战略。海洋强国战略是中国共产党顺应世界历史发展潮流和中国可持续发展的要求，向海洋进军，在开发海洋、利用海洋、保护海洋、管控海洋方面全面加速推进，从而拥有强大综合实力的总体部署。随着海洋强国战略的提出，海洋可再生能资源开发利用迎来了机遇，海洋可再生能技术创新将进入加速阶段。

2）《可再生能源发展“十三五”规划》关于海洋可再生能源技术创新的部署

2016 年国家发改委发布了《可再生能源发展“十三五”规划》，将海洋能与水能、风能、太阳能、生物质能、地热能并列作为发展的重点领域，明确了 2016—2020 年我国可再生能源发展的目标、方向、重点及保障措施，为“十三五”时期我国海洋可再生能源发展提供指南。在规划的主要任务中要求推进海洋能发电技术示范应用，在其推进策略方面要求结合海洋能资源分布，各地结合地方区位优势，妥善协调制定海岸和海岛资源开发利用方案，因地制宜地开发利用海洋能，引领我国海洋能技术和产业迈向国际领先水平。

在公共支撑服务平台建设中，将浙江与山东、广东、海南规划为四大重点海洋能示范基地。在技术研发方面的重点是：支持兆瓦级潮流能和百千瓦级波浪能示范工程；小型化、模块化海洋能供给系统；海岛（礁）海洋能独立电力系统示范工程；浙江和福建等地区万千瓦级潮汐能电站项目等。

3）《全国海洋经济发展“十三五”规划》关于海洋可再生能源技术开发的部署

2017年5月，国家发展改革委和国家海洋局联合发布得《全国海洋经济发展“十三五”规划》，在优化海洋发展布局中明确指出：“积极发展海水利用业，建设具有国内领先水平的海水资源开发利用工程研究平台、产品中试与产业化基地。积极开发潮流能资源，推进舟山国家潮流能试验场建设。”对舟山和浙江省的海洋可再生能源技术创新非常有利。在规划期重点培育壮大海洋装备制造业、海水利用业、海洋可再生能源业等海洋新兴产业。在财税和用海用岛政策提出优化要求。

4）《海洋可再生能源发展“十三五”规划》部署

国家海洋局于2016年发布的《海洋可再生能源发展“十三五”规划》，开宗民意地指出“海洋可再生能源是可再生能源的重要组成部分”。该规划所指海洋能包括海洋潮汐能、潮流能、波浪能、海洋温差能、盐差能、生物质能和海岛可再生能源等，对我国海洋可再生能源技术创新的成就和阶段进行了高度概括，认为我国的海洋能技术创新已从装备开发发展到应用示范阶段，“十三五”时期，海洋可再生能源发展要坚持需求牵引、创新引领、企业主体、国际视野等原则，实现海洋能装备从“能发电”向“稳定发电”转变，加速推进海洋能商业化进程。

“十三五”期间，我国海洋能发展的主要目标是：“到2020年，海洋能开发利用水平显著提升，科技创新能力大幅提高，核心技术装备实现稳定发电，形成一批高效、稳定、可靠的技术装备产品，工程化应用初具规模，一批骨干企业逐步壮大，产业链条基本形成。标准体系初步建立，适时建设国家海洋能试验场，建设兆瓦级潮流能并网示范基地及500千瓦级波浪能示范基地，启动万千瓦级潮汐能示范工程建设。全国海洋能总装机规模超过5×10^4 kW，建设5个以上海岛海洋能与风能、太阳能等可再生能源多能互补独立电力系统，拓展海洋能应用领域，扩大各类海洋能装置生产规模，海洋能开发利用水平步入国际先进行列。”

在地区规划布局中，东海重点发展潮汐能、潮流能，要求各地充分发挥本地区潮汐、潮流资源富集、技术研发实力强和产业化优势，合理规划，优化产业发展环境，促进潮各地海洋能资源开发、测试服务及装备制造等企业的孵化，建设潮汐、潮流能产业示范区。在浙江等省的海岛，因地制宜，加强海洋能技术推广，多能互补开发海洋能。重点示范工程中，在浙江选定了万千瓦级潮汐能示范工程建设、舟山潮流能并网示范基地。

为确保规划的落实，在制定规划的时候，从加强规划组织与实施、建立多元化投入机制、营造良好的产业发展环境、加快培养专业人才等方面制定了相关保障措施。

7.2.3 资金支持计划

海洋可再生能源专项资金（以下简称“海洋能专项资金”）：自2010年5月国家海洋渔业局设立海洋可再生能源专项资金以来，有力推动了我国海洋能工作整体水平的快速提升，取得了较为显著的成效，充分发挥了中央财政资金在支持国家产业结构调整、培育战略性新兴产业、探索能源结构调整等方面的引导作用。截至2017年4月底，专项资金实际支持了103个项目（另有6个终止项目），实际投入经费总额近10亿元。在实际支持的103个专项项目中，已有62个专项项目完成验收。

国家自然科学基金：根据国家自然科学基金官方网站发布数据进行的统计，2016年，国家自然科学基金支持了18个海洋能相关的基础研究类项目。其中，面上项目7个，青年科学基金项目7个，国际（地区）合作与交流项目3个，应急管理项目1个，总经费近600万元。

在海洋可再生能源专项资金、国家自然科学基金等持续支持下，我国海洋能技术在基础科学研究、关键技术研发、工程示范、标准体系建设等方面取得了较大进展。

在海洋可再生能源专项资金、国家自然科学基金等持续支持下，我国海洋能技术在基础科学研究、关键技术研发、工程示范、标准体系建设等方面取得了较大进展。资金支持计划重点支持的开发领域及取得的成果如下。

1）潮汐能技术创新方面的主要成果

潮汐能示范电站主要有以下两个。

（1）江厦潮汐电站。自1980年并网发电以来，江厦潮汐试验电站运行良好，并先后进行了多次技术改造。2016年7月，项目通过了国家海洋局科技司组织的验收。通过本项目研发，为我国未来潮汐能的大规模商业化应用储备成熟的水轮机型谱，为潮汐机组运行储备经验。

（2）海山潮汐电站。1975年建成的海山潮汐电站位于浙江玉环，是我国现存最早的海洋能电站。目前，该电站仅有一台机组在运行。为维护该潮汐电站的持续运行及发展，目前计划实施技术改造工程，对原老旧机组进行升级改造，改造工程于2016年底通过地方政府审批。

潮汐能新技术研发成果主要包括以下三个。

（1）新型高效低水头大流量双向竖井贯流式水轮机。在2011年海洋可再生能源专项资金支持下，河海大学研制了新型高效低水头大流量双向竖井贯流式机组。截止到2017年1月，发电量达26×10^4 kW·h。2016年5月，项目通过了国家海洋局科技司组织的验收。

（2）马銮湾万千瓦级潮汐电站预可研。在2011年海洋能专项资金支持下，福建大唐国际新能源有限公司完成了“厦门马銮湾万千瓦级潮汐电站建设的站址勘查、选划及工程预可研”。2016年7月，项目通过了国家海洋局科技司组织的验收。

（3）温州瓯飞潮汐电站预可研。在2013年海洋能专项资金支持下，中国电建集团华东勘测设计研究院有限公司牵头开展了“温州瓯飞万千瓦级潮汐电站建设工程预可研”。2016年7月，项目通过了国家海洋局科技司组织的验收。

2）潮流能技术创新方面的主要成果

潮流能示范电站主要有以下三个。

（1）LHD模块化海洋潮流能发电机组。在2013年海洋能专项资金支持下，浙江舟山联合动能新能源开发有限公司研制了LHD－L－1000林东模块化潮流能发电机组，于2016年7月27日完成两套共1 MW涡轮发电机组海上安装并实现发电。2016年8月26日，该项目机组正式并入国家电网。自下海以来，该机组海上运行超过5个月，并网试运行超过4个月，累计发电量超过17×10^4 kW·h，上网电量近1×10^4 kW·h。2017年1月，项目通过了浙江省海洋与渔业局组织的验收。项目采取的“小功率水轮机、大功率发电系统”技术路径有效地降低了投资风险和运营成本，系统运行维护便捷，为开展后续机组研制和布放奠定了坚实的基础，初步探索了我国潮流能产业化之路。

（2）300 kW半直驱水平轴潮流能发电工程样机及实验。在2010年海洋能专项资金支持下，浙江大学研制了60 kW半直驱水平轴潮流能发电装置工程样机，2014年5月开始海试，累计发电超过2.5×10^4 kW·h。2016年5月，项目通过了国家海洋局科技司组织的验收。2013年海洋能专项资金支持国电联合动力技术有限公司和浙江大学联合开展了“2×300 kW潮流能发电工程样机产品化设计与制造”。目前，定型样机定于2017年7月开展整机厂内测试，并将于9月完成海试平台改造后开展海试。2015年专项资金支持浙江大学开展了“海洋能海岛独立供电系统示范工程建设”，目前120 kW机组已试运行超过2个月，发电超过1.3×10^4 kW·h。

（3）漂浮式潮流能电站海岛独立发电应用示范。在2010年海洋能专项资金支持下，浙江省岱山县科技开发中心和哈尔滨工程大学研建了“2×300 kW潮流能海岛独立发电应用示范”工程。“海能Ⅲ”垂直轴潮流能发电装置自2013年12月海试以来，累计发电时间超过20个月，累计发电量6880 kW·h。该项目采用的2台300 kW机组安装在一个漂浮载体，是国际上装机容量最大的漂浮式垂直轴潮流能发电系统。2017年3月，项目通过了浙江省海洋与渔业局组织的验收。

潮流能新技术研发成果主要包括以下6个。

（1）轮缘驱动型潮流能发电技术。在2013年海洋能专项资金支持下，中过科学院电工研究所研发了5 kW轮缘驱动型潮流能发电样机。2016年7月海试以来，累计发电量超过400 kW·h。目前已为舟山西轩岛海水养殖的增氧机、水泵等设备提供电力供应。2017年1月，项目通过了国家海洋局科技司组织的验收。

（2）共水平轴自变距潮流能发电装置。在2011年海洋能专项资金支持下，东北师范大学研发了“共水平轴15 kW自变距潮流能发电装置”，2016年5月海试以来，累计发电量260 kW·h，探索了双向自变距潮流能发电新技术，能够适应我国海域低流速的特点。2016年7月，项目通过了国家海洋局科技司组织的验收。

（3）轴流式潮流能发电装置。在2010年海洋能专项资金支持下，中国海洋大学研制了20 kW轴流式潮流能发电装置。2015年6月开始海试，累计发电超过16个月。2016年7月，项目通过了国家海洋局科技司组织的验收。

（4）海洋观测平台5 kW模块化潮流能供电关键技术。在2010年海洋能专项资金支持下，东北师范大学研发了“海洋观测平台5 kW模块化潮流能供电关键技术”，2015年海试以来，水下运行时间达12个月，单个模块可满足海洋浮标等观测仪器供电。2016年7月，项目通过了国家海洋局科技司组织的验收。

（5）基于潮流能利用的变几何水轮机发电装置。在2011年海洋能专项资金支持下，上海交通大学研制了“基于潮流能利用的变几何水轮机发电装置”。2016年5月，项目通过了国家海洋局科技司组织的验收。

（6）基于潮流能、波浪能耦合的海岛独立发电、制淡系统。在2011年海洋能专项资金支持下，浙江大学宁波理工学院研制了“基于潮流能、波浪能耦合的海岛独立发电、制淡系统”，自2013年6月海试以来，运行超过20个月，海水制淡日产量达到11.6 t。2016年9月，项目通过了宁波市海洋与渔业局组织的验收。

3）波浪能技术创新方面的主要成果

（1）鹰式“万山”号波浪能发电装置。在中科院广州能源所“鹰式一号”

10 kW 波浪能发电装置成功海试的基础上，2013 年海洋能专项资金支持中海工业有限公司和中科院广州能源所联合研制 100 kW 鹰式波浪能发电装置工程样机。2015 年 11 月起，“万山”号 100 kW 鹰式波浪能发电装置开始海试，截止到 2017 年 2 月，累计发电超过3×10^4 kW·h，初步具备了向海岛供电的技术条件。2016 年 12 月海上可移动能源平台整套设计图纸获得法国船级社（BV）认证，标志着鹰式波浪能技术具备了产业化和走向国际市场的技术条件。2017 年 1 月，项目通过了国家海洋局科技司组织的验收。源所基于鹰式技术，在珠海大万山岛研建了“南海海岛海洋能独立电力系统示范工程”，截至目前，该示范工程发电时间超过 36 个月，累计发电 208×10^4 kW·h，其中，波浪能发电超过 700 kW·h。

（2）抗风浪高效波浪能发电装置及实验。在 2010 年和 2011 年海洋能专项资金支持下，中山大学研制了 20 kW“抗风浪高效波浪能发电装置”。自 2014 年开展了 4 年海试，累计发电量 2 600 kW·h，最大发电功率 19.3 kW，系统具有较高的工程化推广价值。2016 年 10 月，通过广东省海洋与渔业厅组织的验收。

波浪能技术研发成果比较丰富。

（1）波浪能耦合其他海洋能的发电装置。在 2011 年海洋能专项资金支持下，集美大学研制了 10 kW 波浪能耦合其他海洋能的发电系统。2014 年 7 月开展了 6 个月的海试，实海况运行 5 000 h，最大发电功率 3.6 kW。2016 年 6 月，通过厦门市海洋与渔业局组织的验收。

（2）柔性直驱式浪轮发电装置。在 2013 年海洋能专项资金支持下，上海海洋大学研制了柔性漂浮式风浪流集成海洋发电装置，掌握了不同波高、流速、风速等耦合流场下叶片获能关键技术。自 2015 年 8 月开展了 1 年海试，累计发电量超过 3×10^4 kW·h，初步实现了为大型海洋观测浮标供电以及渔排供电示范。

（3）用于海洋观测设备的直驱式波浪发电关键技术。在 2011 年海洋能专项资金支持下，东南大学研制了用于海洋浮标系统的 1 kW 直驱式波浪能发电装置。目前，该装置已为浪流观测仪器供电。2016 年 7 月，通过国家海洋局科技司组织的验收。

（4）浮体绳轮波浪能发电技术。在 2011 年海洋能专项资金支持下，山东大学（威海）研制了 10 kW 浮体绳轮波浪能发电装置样机。2016 年 7 月，通过国家海洋局科技司组织的验收。

（5）磁流体波浪能发电技术。在 2011 年海洋能专项资金支持下，中科院电工研究所研制了 10 kW 磁流体波浪能发电技术样机。通过项目研究，掌握了往复式液态金属磁流体波浪能发电机、低熔点液态金属发电工质等关键技术。2016 年 7 月，通过国家海洋局科技司组织的验收。

（6）筏式液压波浪发电装置。在2011年海洋能专项资金支持下，中国船舶重工集团公司（简称“中船重工”）第七一〇研究所研制了10 kW筏式液压海浪发电装置。2016年7月，通过国家海洋局科技司组织的验收。

（7）基金支持下其他验收的波浪能项目成果。中国水利水电科学研究院研制了5 kW“横轴转子水轮机波浪发电系统置”，2017年1月，通过国家海洋局科技司组织的验收；青岛海纳重工集团公司和中国海洋大学联合研制了用于资料浮标的1 kW海洋波浪能发电装置，是用于海洋资料浮标观测系统的波浪能供电关键技术，2016年8月，通过山东省海洋与渔业厅组织的验收；中船重工第七一一研究所与国家海洋技术中心联合研建了“浙江省嵊山岛海洋再生能源多能互补独立电力系统示范工程”，2016年7月，通过国家海洋局科技司组织的验收；华北电力大学研制了20 kW的海上波浪能与风能互补发电平台，2016年5月，通过国家海洋局科技司组织的验收。

获得基金支持尚未验收的波浪能主要技术项目有以下几项。

（1）波浪能网箱供电系统示范，在2016年海洋能专项资金支持下，山东省日照市万泽丰渔业有限公司承担了“波浪能网箱供电系统示范与推广”项目，采用5 kW振荡浮子式波浪能发电装置为黄海冷水团离岸深水网箱养殖提供电力。目前已完成示范海域资源调查分析，完成发电平台结构设计，完成了波浪能装置模型物理试验。

（2）航标用波浪能供电技术产品化。在2016年海洋能专项资金支持下，安徽省巢湖市银环航标有限公司和中科院广州能源研究所联合开展了“航标用波浪能供电技术产品化”。目前正在开展模块化设计。

（3）80 kW波浪能液压转换与控制装置模块。在2016年海洋能专项资金支持下，中国电子科技集团公司第三十八研究所开展了“80 kW波浪能液压转换与控制装置模块及千伏级动力逆变器关键技术”研究。

4）温差能和盐差能反面取得的成果

温差能发电及综合利用技术主要有以下几项。

（1）10 kW海洋温差能发电系统。在2013年海洋能专项资金支持下，国家海洋局第一海洋研究所研建了10 kW海洋温差能发电系统。自2017年2月4日，10 kW海洋温差发电系统连续无故障运行超过1 000 h，发电功率7.5 kW，验证了系统的稳定性和可靠性，掌握了一定的海洋温差能发电系统调试运行经验。

（2）黄海夏季冷水集中供冷系统装置。在2013年海洋能专项资金支持下，中国海洋大学研制了“10.5 kW黄海夏季冷水集中供冷系统装置”，掌握了换热器结构与材料、换热效率、低温水保温提取等关键技术。2017年1月，通过国家海洋局科技司组织的验收。

盐差能发电技术，2013年海洋能专项资金支持下，中国海洋大学研制了100 W盐差能发电原理样机，研制的正渗透膜片在水通量和盐截留方面均有较大提升。自2016年4月装配调试以来，安全运行超过200 h。

7.2.3 重点领域

我国《海洋可再生能源发展“十三五”规划》确立的海洋能技术发展重点是：潮流能技术，成功研发单机500 kW潮流能机组，实现机组总体转换效率不低于41%目标，确保整机无故障运行时间不低于4 000 h；波浪能技术，成功研发单机100 kW波浪能发电装置，实现总体转换效率不低于25%，确保整机无故障运行时间不低于2000h；海洋温差能技术，重点研发50 kW海洋温差能综合利用技术，实现热力循环效率在温差20℃时达到3.3%，涡轮机效率达85%，确保系统连续运行时间不少于750h。

7.3 我国沿海各省市海洋可再生能源技术创新的战略

7.3.1 天津市结合海水淡化探索海洋盐差能发电技术

天津海水淡化走在全国前列，海水淡化工程总量已建成达到 22×10^4 t/d，占全国总量的41.4%，也就是说，天津海水淡化业大约超过了全国海水淡化的4成。天津海水淡化技术在全国发挥着标杆示范作用，带动了其他沿海各省海水淡化业的发展。天津为进一步促进海水淡化产业发展，注重产业链的延伸，规划打造“热电—海水淡化—浓海水制盐—海洋化工”产业链，探索将海水淡化、盐差能发电等产业同步发展的海洋产业综合发展模式。

7.3.2 广东省积极布局海洋可再生能源产业

广东省制定的《广东省海洋经济发展“十三五”规划》积极布局海洋潜力产业，计划加强开展海洋能资源普查，对海洋能开发进行科学规划，并确定了广东优化开发范围和重点，将海洋风能和波浪能等新能源开发作为支持的重点。提出建立国家、地方和企业共同构成的多层次海洋可再生能源技术创新模式，构建和完善具有自主知识产权的海洋可再生能源产业体系。规划提出实施示范项目带动策略，促进海洋能产业化。

广东省提出的发展海洋能初步设想是，在万山和阳江等地建立波浪能试验基地，推进海岛独立供电系统应用试点，在广东海洋经济综合试验区产业结构升级中将海洋能产业发展作为重点之一。充分利用广东高校和科研院所集中的优势，依靠中科院广州能源研究所、中山大学、广东工业大学、华南理工大学、广东省海洋与渔业服务中心等单位，并发挥企业的积极性，组建了海洋能研发团队，推动可再生能源技术的发展和商业化。

7.3.3 山东省积极探索发展海洋能产业

山东省东部地区因地理区位独特，沿海潮差和海流流速相对较高，风速较高，拥有丰富的潮汐能、海流能、波浪能、海洋盐差能、海水海洋温差能等海洋可再生能源资源，开发潜力巨大。沿海潮汐能可装机容量约为 12×10^4 kW，年发电量可达 3.75×10^8 kW · h，主要分布在山东半岛东端的乳山、海阳以及南部的荣成、胶南、日照等市县沿岸。近海潮流能资源主要分布于庙岛群岛的天然水道、成山头近海和半岛南部各海湾湾口。

山东省海洋能开发利用起步较早，潮汐能、波浪能、海流能等技术研发和小型示范有序开展。“成山头海域建设波浪能、潮流能海上试验与测试场的论证及工程设计”被国家海洋局纳入 2011 年度重点基金项目；荣成 4×300 kW 大型海流能发电项目被财政部和国家海洋局确定为海洋能示范项目；荣成市被选定为国家波浪能、潮汐能海上试验场；国内首台 100 kW 潮流能发电装置于 2013 年 9 月在青岛市斋堂岛海域正式安装成功。目前，山东省已建成的乳山白沙口潮汐能电站，是我国最大的潮汐能电站，即墨大管岛 30 kW 摆式波力发电站，是我国已建成的第一个摆式波力发电站。但由于海洋能开发利用经济性依然较差，大型、关键装备研发制造能力不足，产业化发展进程依然较慢。

《山东省新能源和可再生能源中长期发展规划（2016—2030)》提出，大力发展海洋经济、全力推进山东半岛蓝色经济区建设的战略部署，以提高海洋能开发利用技术水平为着力点，以示范项目建设为重点，支持百千瓦级波浪能、兆瓦级潮流能等技术研发和示范工程建设。开展海水源热泵供暖技术试点，进一步推进海洋能技术开发利用公共支撑服务平台建设。规划要求“十三五”期间，力争建设 2 ~ 3 个海洋能示范项目。在下两个五年计划期间，进一步提升海洋能开发利用技术水平，扩大应用规模，完善产业体系。

《山东省“十三五”海洋经济发展规划》提出，至 2020 年，海洋可再生能产业力争实现产值 500 亿元的发展目标。山东现代海洋产业新体系的重点是潮汐能、波浪能、海流能和海洋生物质能的综合利用。在青岛、烟台、威海重点区域，建设潮汐能发电站和潮流能电站，着力推进海岛多能互补独立电力系统示范工程和海岛微网群协调控制技术示范工程，促进海洋能资源利用的规模化和产业化；着力开展海水源热泵技术和温差发电站技术的研发与推广，为海洋能资源的全面利用作技术储备。

7.3.4 福建省有序推进潮汐能示范项目

福建潮汐能年可发电量为 283.82×10^8 kW·h 每年，占全国可发电量的45.9%，发展潜力较大。《福建省“十三五”能源发展专项规划》要求大力发展新能源和可再生能源，有序发展可再生能源，打造清洁能源发展示范省份。有序推进潮汐能、地热能等示范项目的开发利用，加快推进国家级新能源示范城市建设。

7.3.5 海南省试点开展潮汐能发电和波浪能发电项目

《海南省能源发展“十三五”规划》要求开展潮汐能电站建设试点研究，在一些潮差较大的海岸带和在南海诸岛建造小型潮汐能电站，建设万宁波浪能发电。

7.4 小结

沿海经济国家都将海洋可再生能源列为科技创新和能源发展的重点，并从顶层设计层面的立法、规划、公共资金计划、激励政策和重点支持领域进行促进发展机制的系统设计。各个国家的战略和政策在各个国技术创新中取得了良好实效。

海洋可再生能源产业将成为既富竞争又充满合作的战略性海洋新兴产业。从各国支持的技术创新领域来看，各国支持的重点方向差异较大，英国重点支持潮汐能、潮流能、波浪能；美国重点支持海洋温差能；法国支持潮汐能、波浪能和海洋温差能、日本支持海洋温差能和波浪能、韩国支持海洋温差能和海流能、挪威支持波浪能和盐差能、荷兰支持盐差能，它们在各自的重点支持领域取得突破。项目示范和推广，将不断丰富“G20可再生能源发展自愿选择工具箱”的内容，扩大技术扩散效应，将为全球海洋可再生能源资源的全面开发，推动全球温室气体减排和发展清洁能源，提供技术支持，也必将为各国战略性海洋新兴产业的发展赢得先机。

中国的顶层设计已经完成。2015年我国颁布了《中华人民共和国可再生能源法》，2010年发布了《海洋可再生能源专项资金管理暂行办法》、2015年发改委发布的《可再生能源发展“十三五”规划》和2017年发布的《全国海洋经济发展“十三五”规划》都将海洋可再生能源技术创新纳入规划之中，2016年国家海洋局发布的《海洋可再生能源发展“十三五”规划》，对我国海洋可再生能源技术创新进行了系统布局。可见，为打造海洋可再生能源战略性产业的打造完成了顶层设计，为各省根据谋划本地布局提供了基础。

沿海一些省区稳步推进海洋可再生能源技术创新，天津市结合海水淡化探索海洋可再生能源发电技术；广东省积极布局海洋可再生能源产业；山东省积极探索发展海洋可再生能源产业之路；福建省有序推进潮汐能示范项目的开发；海南省试点开展潮汐能发电和波浪能发电项目；浙江在潮汐能和潮流能方面积极开展项目研究和示范推广。但总的来看，目前关于技术创新项目的推动主要还是靠海洋可再生能源专项资金支持，地方政府的资金支持力度有限，民营资本鲜有参与。

国外支持可再生能源技术创新战略与政策值得借鉴：根据海洋可再生能源技术创新特点，制定技术创新项目试验示范和推广的法律，确保能源需求和配套资源保障；从战略上明确技术创新的重点领域，并与政府的公共资金计划配合推进；设立支持海洋可再生能源技术创新的专项基金，作为推动技术创新的前期阶段的主要资金；从电能上网定价、立项扶植、提供发电财政补贴、优惠税收政策、改革电价体系、建立绿色电力证书制度、可交易的再生能源证制度、建立碳信用额度及交易市场、能源项目许可制度、可再生能源组合标准制度。

第 8 章 浙江省海洋可再生能源技术创新实践及技术资源分析

8.1 浙江省海洋可再生能源技术创新实践

浙江海洋可再生能源的开发尚处于资源开发初期，潮汐、海流能和波浪能资源开发已有一定开发历程和技术积累。

8.1.1 浙江潮汐能技术创新实践

根据赵雪华（1996、1991）、梁亮等（2013）、张晓君等（2009）对浙江省潮汐能资源开发技术的研究，并在其基础上对浙江省潮汐能资源开发技术进行梳理和分析。

1）始于 1958 年的潮汐能资源普查和前期研究

浙江省潮汐能发电的尝试可以追溯到 20 世纪五六十年代。主要开展了潮汐能资源普查、建设小型潮汐能发电站、开始着手研究和规划杭州湾巨型潮汐能电站的前期工作等相关事项。1958—1960 年，浙江省第一批小型潮汐能电站建成，其装机容量较小，均为数十千瓦，木质的水轮机转能和发电机多由感应电动机改装而成。比较有名的有临海汛桥、温岭沙山、乐清清江渡、岱山双合等地，不过这些小型潮汐能发电站大多都已废弃。

2）20 世纪 70 年代末，基于试验和研究目的的一批潮汐能电站的建设

20 世纪 70 年代之后的数年间又先后修建了 7 座潮汐能电站，有高塘、岳浦、江夏、北沙、吉港、海山和兵营。这些电站主要建在当时没有并入电网的偏远乡村和孤岛上，站址周围环境影响因素较小，有专业的设计与规划，施工质量较好，机组设备也较为正规，为保证连续供电，专门配有柴油发电机，运行较为可靠，而且这些潮汐能装机容量有所提升，多在一百到数百千瓦。除江厦电站外，均为民办公助方式集资兴建，国家资助机电设备和“三材”。其特征数据见表 8－1。

表 8－1　浙江省 20 世纪 70 年代兴建的潮汐电站一览表

电站名称	江厦潮汐试验电站	高塘潮汐电站	岳浦潮汐电站	兵营潮汐电站	海山潮汐电站	北沙潮汐电站
所在市、县	温岭	象山	象山	象山	玉环	洞头
装机容量/kW · h	3 200	200	300	150	150	125
水库面积/hm²	160	20	27.3	10	上库 27.2 下库 2.6	16
运行方式	单库、双向	单库、单向	单库、单向	单库、单向	双库连程	单库、单向
兴建时间	1972.10—1985.12	1970.8—1972.2	1971.11—1972.1	1976	1975	1972—
现况	运行	废弃	待修复	废弃	运行	未建成
废弃主要原因		原设计对风浪破坏估计不足，运行数年后，堤、闸破损严重，在后期运行已不正常。到 1981 年春大电网接通之后，所在海岛的电站就废弃了	运行多年后，机组需要更新，委托厂方试制的新机组不能正常运行，使电厂停止发电	大电网接通所在地，电价大幅下跌，经济上入不敷出而废弃		电站堤坝基本建成后，当地改变主意，拟把电站库区建成船只避风港，电站施工不能继续

资料来源：赵雪华．浙江的潮汐发电实践［J］．水力发电学报，1996（1）：25－36.

3）浙江省已建潮汐能电站状况

浙江先后建成 8 座潮汐能电站，目前只有江厦电站和山海电站尚在运行（表 8－2）。按建成的时间顺序简单介绍。

表 8－2　浙江省已建潮汐能电站一览表（部分）

电站	地址	库容/$\times 10^4$ m³	设计装机容量/kW	设计年发电/$\times 10^4$ kW · h	投产时间	现状
汛桥	临海	6.1	2×30	22.0	1959 年	停产
沙山	温岭	4.0	1×40	7.2	1959 年	运行
高塘	象山	30.0	2×75 1×50	50.0	1972 年	停产
岳浦	象山	40.0	4×75	60.0	1972 年	运行

续表

电站	地址	库容/ $\times10^4$ m^3	设计装机容量/kW	设计年发电/ $\times10^4$ kW·h	投产时间	现状
吉港	象山		1×30	—	1972 年	停产
兵营	象山	15.0	2×75	15.0	1976 年	停产
海山	玉环	上库 20.0 下库 1.0	2×75	15.0	1975 年	运行
江厦	温岭	493.0	6×500	1 100.0	1980 年	运行

资料来源：梁亮，金南兰，倪勇强. 浙江省潮汐能资源调查及应用研究浙江水利科技［J］. 浙江水利科技，2013，41（4）：17－18，24.

（1）汛桥潮力电站。电站位于临海汛桥港与灵江汇合处，兴建于 1958 年，装机容量为 2×30 kW，设计年发电总量为 22×10^4 kW·h，是浙江省建成最早的潮汐能电站。在水工建筑物布置上采用双层闸门控制进泄水，使其具有双向发电功能。由于前期对周围环境勘测不足，电站建成后，内涝严重，排涝成本过高，于 1963 年停运。

（2）沙山潮汐能电站。电站位于乐清湾内江夏港口，围涂筑成水库，库面积约 70 亩（1 亩 =666.67m^2），1958 年 10 月动工，于 1959 年 8 月竣工，装机容量 16 kW，用于解决加工和照明用电，是浙江省第一座潮汐试验电站。

（3）双合潮汐能电站。电站位于岱山县西面的双合岛，建于 1960 年，通过围涂 340 余亩成为蓄潮水库，水库容量为 36×10^4 m^3，最高发电水头 1.8 m，最小发电水头 1.5 m。最大功率 9.36 kW，最小功率 7.8 kW。由于晒盐的经济效益大于发电效益，因此运行一年多之后，将蓄潮水库改为盐场。

（4）高塘潮汐能电站。电站位于象山县高塘岛南侧的倒船湾，于 1972 年 2 月竣工并试发电，同年 4 月转入正常发电。挡潮堤坝长 430 m，前期装机容量 200 kW，水库容量在 40×10^4 m^3左右。电站日均发电时间约为 10 h，不但能为 4 个村的照明提供用电，还能解决农机厂加工的动力用电。电站运营数年后，由于后期维护不当，造成泥沙淤积，生物附着，堤坝腐蚀破损严重，于 1981 年停运。

（5）岳浦潮汐能电站、电站位于象山县南田岛北端，濒临石浦港，于 1972 年 1 月建成，同年 5 月送电。电站在海涂上筑堤围成水库面积达 410 亩，装机 4 台，总容量为 300 kW。虽然该电站受泥沙淤积的影响较小，但海水对水轮机叶轮的腐蚀严重，后因经济效益和管理问题而停运。

（6）吉港潮汐动力站。电站位于象山县南田岛东侧，建于 1972 年，建有水轮泵一台，功率为 30 kW，主要用于提水和农副产品拖带，两年后因台风冲垮堤坝而停止运行。

（7）海山潮汐能电站。电站位于乐清湾中部，属玉环县境，兴建于1975年，系双库单向连程式电站，上库是纳潮发电水库，下库是发电尾水存储水库。设计装机容量为2×75 kW。电站运行初期，泥沙淤积问题严重。1984年起电站进行了扩建和完善。电站在改建后，水库面积增大，为双库全潮运行模式，日均发电时间增长为约16 h。在电站发电期间，水库养殖也取得了很好的收益。

（8）兵营潮汐能电站。该电站位于象山县，靠近象山港，建于1976年，发电功率150 kW，3年后因电网通到该乡而停止运行。

（9）北沙潮汐能电站。该电站位于洞头县东北部的北沙乡。原计划为可装机1 000 kW的双库单向发电方案，后因投资过于巨大而更改方案。

（10）江厦潮汐试验电站。该站所在的江厦港，位于乐清湾末端，于1985年建成。该电站是浙江省第一座双向潮汐能电站，也是当时我国规模最大的潮汐能电站。江厦港纵深9 km，坝址处的口门宽度为686 m。港域面积计5.3 km^2，而电站库区占用面积仅为其30%，在正常蓄水位以下的电站库容为514×10^4 m^3，其中发电有效库容为336×10^4 m^3。

4）浙江省潮汐能电站的最新动态

温州瓯飞潮汐能电站：在2013年海洋能专项资金支持下，中国电建集团华东勘测设计研究院有限公司牵头发展了“温州瓯飞万千瓦级潮汐能电站建设工程预可研”。截至2015年12月底，已完成“温州瓯飞潮汐潮汐能电站预可行性研究报告”（评审稿），“温州瓯飞潮汐能电站海域使用论证报告”（评审稿），“温州瓯飞潮汐能电站海洋环境影响评价报告”（评审稿）。规划电站采用单库单向发电运行方式。电站总装机容量451 MW，采用41台单机容量11 MW机组，额定水头3.5 m。工程静态总投资为473.41亿元，总投资565.47元。按发电工程部分总投资87.7亿元、资本金财务内部收益率8%预算的电站经营期平均出厂电价为1.503元/kW · h。

8.1.2 浙江海流能技术创新实践

舟山群岛新区的海流能资源丰富，正逐步成为全国乃至全球潮流能发电的引领者。20世纪70年代末期，中国舟山的何世钧先生曾进行过海流能开发研究，采用两台卧式水轮机，发电总量为5.7 kW，最大电力输出达到6.3 kW，在当时已经处于领先的水平。之后很多科研单位陆续将舟山作为海流能开发试验点，有些技术已取得了不错的成果。岱山县从1996年第一个海流能项目落户至今已有20多年的历史，是我国研究潮流能开发最早的县之一。

2002 年，哈尔滨工程大学设计的“万象 - Ⅰ”，由垂直轴水轮机配合液压与控制系统组成，发电功率为 70 kW，将浙江舟山选为该设备实地试验的地址。2005 年，岱山县建成潮流能发电实验站及配套的“海上生明月”灯塔（国家“863”科技计划的 40 kW 潮流能发电实验电站实用化项目），是亚洲第一座潮流能发电站。2006 年浙江大学研发的我国首台新型海流能发电机模型样机，在舟山岱山县发电成功。同年，我国首台新型潮流能源利用装置——“水下风车”在岱山港水道成功发电。

从 2012 年开始，我国开始加大海洋能海上试验场建设的投入力度，并规划建设山东威海、浙江舟山、广东万山三大国家海洋能试验场及示范基地。其中舟山侧重于潮流能海况试验，在葫芦岛和普陀山岛之间的海域建设潮流能试验场。2013 年，150 kW 海上潮流能试验项目在龟山水道投入试运行。

2016 年 1 月，世界首台 3.4 MW LHD 林东模块化潮流能发电机组在舟山岱山县秀山南部海域下海安装。舟山秀山南部海域水流流速大，最大可达每秒 4 m，是理想的安装场所。此次安装的潮流能发电机组被命名为“科学家侨联”号，是我国首台自主研发生产装机功率最大的潮流能发电机组，预计 2017 年 6 月能够发电并网，其年发电量可达到 600×10^4 kW · h。

从长远发展来看，舟山群岛新区将打造我国首个国家级的海流能综合试验场，进而带动舟山成为国内海流能的技术研发和装备制造基地，成为全国乃至全球潮流能技术研发和产业化发展高地。

8.1.3 浙江波浪能技术创新实践

浙江省位于长江三角洲南翼、东南沿海中部，海洋资源非常丰富，涉海产业基础较好。

浙江省海洋能资源丰富，其中波浪能储量居全国第二，仅次于台湾省。浙江沿海海域的波浪能具有很高的开发价值。2015 年，浙江海洋大学自主研发的自升式平台“海院 1 号”波浪能发电技术在海洋网箱养殖产业示范应用。“海院 1 号”波浪能发电装置在恶劣海况下可进行自保护式高效稳定发电，在发电的稳定性、装置可靠性、管理和维护、发电效率、发电成本等都具备了较大的优势，正在逐步向实际应用拓展。

8.1.4 浙江省海洋可再生能源技术创新的综合评价

从开发技术上说，潮汐能的运用比较成熟，目前浙江省对于数百千瓦的潮汐能电站，县级水利部门的技术力量就能设计，已具备万千瓦级别的潮汐能电站设计和建造能力。而国内对于太阳能、风能、波浪能的发电尚未达到此种规模。所以，浙江省虽然风能、波浪能等的资源也很丰富，但沿海地区在近期内海洋可再生能源开发重点还是应放在潮汐能方面。

浙江 LHD 模块化潮流能发电机组运行发电并上网，初步探索了我国潮流能产业化之路，潮流能的商业化应用之门也将逐步打开。积极推进潮汐能海流能试验场建设，打造全国潮流能试验、研发和测试基地，加速推进兆瓦级潮汐能海流能示范工程设施建设，积极布局和推进若干个万千瓦级潮流发电厂区是浙江海洋战略性新兴产业发展的机遇。

浙江需要进一步加大潮流能、波浪能和盐差能等海洋新能源技术的研发力度，支持具有原始创新的海洋可再生能源利用新技术和新方法，重点突破潮流能电站工程建设和新型发电机组研制等关键技术、适合我国波浪能资源特点的易于安装布放和回收的波浪能利用技术等、海岛新能源互补发电并网和微网技术等。

8.2 浙江省内与海洋可再生能源技术创新相关的主要研发机构

8.2.1 浙江省海洋开发研究院

浙江省海洋开发研究院集中了省内外涉海科研机构的相关科研力量，如中国海洋大学、国家海洋局第二海洋研究所、宁波大学和浙江海洋大学等，为浙江省的海洋科技创新提供技术服务平台。

8.2.2 国家海洋局第二海洋研究所

国家海洋局第二海洋研究所有着雄厚的科技力量，先进的设备装置，拥有多个海洋工程设计和施工方面的资质，如国家级海洋工程勘察甲级证书、海洋工程设计甲级证书和海洋测绘甲级证书等资质，对浙江海洋可再生能源技术创新海况实验项目的兴建极为有利。

8.2.3 浙江大学

浙江大学在海流能发电技术研究上具有较高的水平。2006 年发明了国内第一台新型海流能发电机模型样机，额定功率 5 kW，在岱山县进行海况试验并成功发电。2006—2009 年，浙江大学研制出 25 kW 半直驱水平轴式海流能发电机组，并成功进行海况试验。于 2007 年起着手研究 20 kW 液压传动式海流能发电机组，该项目已完成并进行了海上试验。2016 年，建成了一座百千瓦级海流能发电机组海试平台，已实现并网发电。当前浙江大学已建成60 kW 水平轴海流能发电机组和120 kW 水平轴海流能发电机组，两台机组已实现列阵运行，并刷新了我国海流能装置的发电纪录。

8.2.4 浙江海洋大学

浙江海洋大学在波浪能的研发方面取得较好成就。浙江海洋大学负责研发的“海院1号”波浪能发电装置技术成熟、运行可靠，不但能够适应复杂的海洋环境，在恶劣海况下实现自我保护，经受住超强台风和强热带风暴的袭击考验，而且全部核心设备未受海水腐蚀影响。项目取得了丰硕技术成果，在我国的波浪能发电技术方面取得了重大突破。

8.2.5 中国电建集团华东勘测设计研究院有限公司

中国电建集团华东勘测设计研究院是我国最早成立的勘测设计院之一，为国家大型综合性甲级勘测设计研究单位，海洋与水利等领域是其业务范围之一，国家能源局潮汐能与海洋能发电研发中心、海水淡化工程技术研发中心是华东院的重要研发中心。

8.2.6 浙江省河口海岸重点实验室

浙江省河口海岸重点实验室前身为组建于1992 年的浙江省潮汐河口海湾泥沙模型试验基地，1995 年5 月正式向外开放，内设河口厅、河工厅、水工厅、波浪厅等。实验室除从事河口水动力、泥沙运动基础理论研究外，还充分发挥河口海岸研究的特色，积极开展科学研究与科技服务。实验室针积极参与河口海岸、交通、能源、环保的工程建设，为千里标准海塘、宁波—舟山沿海港口体系、温州浅滩等一系列国家或省重点工程的立项与实施解决了工程技术难题。

8.2.7 浙江省海洋规划设计研究院

浙江省水利河口研究院是省属公益类科研院所，2011 年新增浙江省海洋规划设计研究院，具有从事河口海岸研究及咨询的能力，开展水利工程、港口航道工程等规划、咨询、勘察、设计、监理、代建、造价等技术服务。

8.3 国内其他主要海洋可再生能源技术创新的研发机构

8.3.1 国家海洋技术中心致力于海洋能公共平台技术研发

国家海洋技术中心（以下简称“中心”）致力于我国海洋能前瞻性、基础性、通用性技术的研究与开发。海洋可再生能源开发利用是中心的重要研究方向，承担的典型研究主要有以下几项。

1）中心承担了大管岛 30 kW（摆式）波浪能电站的研建

波浪能发电站建在山东省即墨市大管岛东北的天然喇叭口，喇叭口东向，外沿宽度 26 m。

电站为海岛独立电力系统，装机容量 30 kW，设计建造时以在 20 年一遇的台风条件下保证生存作为标准。电站建设后期为克服波浪能资源不连续性，又安装了一台 7.5 kW 风力发电机组，及 5 kW 光伏发电装置，为以后的海岛多能互补电站建设提供试验数据以及运行经验。2010 年电站通过验收，并一直正常试验运行至今。

2）海上试验场建设技术研究和原型设计

项目通过开展浅海试验场区原型建设，使其拥有了对部分海洋仪器设施及海洋模型的试验、评价能力，为海洋可再生能源的开发和合理利用提供科学和有效的技术保障。

3）100 kW 摆式波浪能电站关键技术研究与示范

2012 年，中心承担了“100 kW 摆式波浪能电站关键技术研究与示范”计划项目。由于离岸的波能大于岸边的波浪，且与岸基摆式发电技术相比，离岸坐底式发电装置的生存能力更强。因此该项目采用离岸坐底式浮力摆波浪能发电模式，并采用模块化设计，攻克了技术上的难题，建立了完整的波浪能发电系统，并投入运行。总装机容量为 100 kW，最大抗风能力达 12 级，年发电量不低于 13×10^4 kW · h。

4）海洋能发电系统综合测试技术研究

2012 年中心承担了“海洋能发电系统综合测试技术研究”计划项目，并通过验收。该项目研建了海洋能发电系统实验室综合测试平台，为海洋能发电装置转换效率及环境适应性检测提供了初步的解决方案，给波浪能和潮流能发电装置实验室综合检测提供了技术支持。

8.3.2 中国科学院波浪能发电技术走在世界前列

中国科学院是中国自然科学最高学术机构、科学技术最高咨询机构、自然科学与高技术综合研究发展中心，波浪能发电技术的研究走在世界前列。中国科学院关于波浪能技术创新的支持主要体现在以下著名的研发与实验，除本书第 4 章所提到的“万山”号鹰式波浪能发电装置的成功研发和海况实验外，还进行了“10 kW 水母式波浪能发电装置研究与试验”和“20 kW 海洋仪器波浪能动力平台关键技术研究”项目的研发和实验。

1）10 kW 水母式波浪能发电装置

该装置从 2011 年开始研制，到 2013 年结束。项目组对水母模型进行了水动力学改良，将鸭式技术与半潜驳技术相结合。设计样机的装机容量为 10 kW，自运行以来，累计发电时间超过 5 040 h；项目执行阶段内发表多篇论文并申请多个国内外专利。该项目在 2014 年 3 月 25 日通过验收。

2）20 kW 海洋仪器波浪能动力平台关键技术研究

项目从 2010 年 8 月开始执行，由中国科学院广州能源所和七一二所共同承担，主要研建两台试验样机，分别为 10 kW 和 20 kW，能力转换率不低于 15%，累计运行 2 052 h。项目的主要目的是加强波浪数据测量以提高装置性能评估、加强海洋仪器供电匹配性研究、加强系统下潜上浮技术的可靠性研究。

3）100 kW 漂浮式鸭式波浪能发电装置

在国家科技支撑计划“100 kW 漂浮式波浪能电站关键技术研究与示范”课题和国家海洋可再生能源专项“南海海岛海洋独立电力系统示范工程”项目支持下完成了 100 kW 鸭式波浪能发电装置的研发。该波浪能发电装置采用多级模式的液压系统发电，可应对不同的波浪状况：在小幅波浪状况下，30 kW 发电机组将会启动；在中等波浪状况下，70 kW 发电机组将会启动；在较大的波浪状况下，两台发电机组将会同时运行，发电功率可达 100 kW。在海况试验下，100 kW 鸭式波浪能装置的成功投放和发电，该项目的成功证明了自行研发的浮船坞波浪能装置投放回收平台的可行性，同时该装置也为波浪能发电技术降低成本、提高转换效率、规模化开发利用奠定了基础。

8.3.3 哈尔滨工程大学潮流能发电技术达到国际先进水平

哈尔滨工程大学前身是我国“三海一核”（船舶工业、海军装备、海洋开发、核能应用）领域重要的人才培养和科学研究基地。学校在“三海一核”领域保持着雄厚的技术实力，居国内领先地位。该校现已成为我国船舶科学技术和实际应用研究的主要高校之一，同时也是海军先进技术装备研制的重点单位和我国发展海洋高技术的重要依托力量。

1）研建的我国第一座潮流实验电站技术达国际先进水平

哈尔滨工程大学在2002年自行研制出我国第一座潮流实验电站，该电站装机容量为70 kW，该电站的直叶摆线式水轮机和潮流电站系统技术方面已达到了国际先进水平，填补了我国潮流能开发利用的空缺。

2）建成我国首座“海上漂浮式潮流能电站”

2013年，哈尔滨工程大学研发的“海能－Ⅰ”号百千瓦级潮流能电站在岱山县运行成功，发电容量300 kW，电站采用学校自主研发的双机组潮流能发电装置和漂浮式立轴水轮机潮流能发电技术，是我国首座漂浮式立轴潮流能示范电站。

3）国家海洋局第一海洋研究所海水温差发电的技术取得突破

2013年，国家海洋局第一海洋研究所研究员刘伟民及其团队攻克了利用海水温差发电的技术难关，“15 kW海洋温差能发电装置研究及试验”课题在山东青岛通过验收，使得我国成为继美国、日本之后第三个独立掌握海水海洋温差能发电技术的国家。

4）中国海洋大学和东北师范大学在海流能发电研发有突破

2008年中国海洋大学在青岛市胶南斋堂岛水道进行了5 kW海流能发电装置样机的海上试验。该实验样机1.7 m/s流速下发出了3.2 kW电能。东北师范大学设计的1～2 kW的低速直驱式水平轴海流能发电机组，已进入实验阶段；东北师范大学研制的另一种1 kW水下悬浮式水平轴式海流能发电装置，该装置由水下锚泊系统、发电机、软轴和水平轴水轮机组成。

8.4 浙江省海洋可再生能源技术研究示范基地分析

8.4.1 江厦潮汐能电站

江厦潮汐能电站位于浙江温岭市江厦港，国家在1972年将江厦潮汐试验电站工程列为国家重点科研项目，电站与1973年开始兴建，1985年运行成功并入网发电。江厦潮汐试验电站的设计是单库双向式，利用泄水闸调节水库水位，使水库与海平面形成水位差，从而利用水位差来推动水轮机发电。目前电站总装机容量3 900 kW，发电厂房内安装5台灯泡贯流式水轮发电机组。截至2017年1月底，改造后的1号机组累计发电 5 610 h，发电量达 245×10^{4} kW · h。

江厦潮汐能电站的研发，为我国未来潮汐能的大规模商业化开发积累了宝贵经验。尤其是对潮汐能的特点研究，发电机组的研制，防污防腐的处理技术上，即使是对比现在的海工建筑技术都有明显的优势。根据几十年的运行经验，结合潮汐大潮和小潮的特点，江厦潮汐能电站摸索出一套水库优化调度运行方式，能最大限度地发挥电站的发电效益。江厦潮汐能电站虽发电效益不高，但围垦了大面积的农田和海涂，使得电站的综合开发利用效率得到提高，提高了周边居民生活水平。

江厦潮汐能电站当前也存在一些问题，浙、闽两省沿岸为淤泥质港湾，虽有丰富的潮汐能资源，但开发存在较大的困难，水库的泥沙淤积问题尚需进一步研究解决。电站地处我国东南地区，气候温暖，生物种类众多，所以会造成生物的附着和玷污，设备运行防腐防污投入大。

8.4.2 海山潮汐能电站

电站位于浙江省玉环县海山乡茅埏岛，始建于 1972 年，1975 年开始运行，装机容量 2×75 kW，年发电量 31×10^{4} kW · h。海山潮汐能是双库单向式设计，涨潮时，潮水推动汽轮机页片旋转发电后，冲入上库。待潮水退去，上库开闸放水，水流冲向汽轮机，带动页片旋转后流入下库。无论是涨潮还是退潮，都能持续发电，平均每天可发电 19 h。它是中国唯一的双库、单向、全潮蓄淡、蓄能发电和库区水产养殖综合开发的小型潮汐能电站。

运行 30 多年来，该电站凭借资源综合开发，产生了很好的社会经济效益。潮汐能发电时，储存了海岛的淡水资源，保证居民对水资源的生活所需。在干旱季节，积蓄的淡水能供岛上居民使用70 天以上，同时使1000 余亩农田达到旱涝保丰收。此外，在台风季节时，发电库区又成了岛上渔船的避风港。1994 年，海山潮汐能电站被联合国技术信息促进系统中国国家分部授予“发明创新科技之星”称号。2011 年，海山潮汐能电站入选浙江省重点文物保护单位。

8.4.3 岱山县潮流能发电实验场

2005 年，岱山县建成亚洲第一座潮流能发电实验站及配套的“海上生明月”灯塔；2006 年，国内第一台新型潮流能源利用装置——“水下风车”模型样机在岱山港水道进行了实验并发电成功。从 2012 年开始浙江舟山列为国家潮流能试验场及示范基地。2016 年 1 月，世界首台 3.4 MW LHD 林东模块化大型潮流能发电机组在舟山群岛新区岱山县秀山南部海域下海安装。2017 年 1 月 12 日，该项目在浙江舟山通过专家验收，2017 年 6 月发电并网，其年发电量可达到 600×10^4 kW · h。被命名为“科学家侨联号”潮流能发电机组是我国首台自主研发生产装机功率最大的潮流能发电机组。该发电机组由杭州林黄丁新能源研究院有限公司（LHD）研发，总成平台设备厂 70 m，宽 30 m，平均高 20 m，重达 2 500 t，单艘造价 2 亿元人民币。

8.4.4 “海院 1 号”波浪能发电装置

2013 年，浙江海洋大学研制的“海院 1 号”发电成功，装置总装机容量为 10 kW。“海院 1 号”的研发思路是，通过更多的数量来获得足够的电能，并保证在海浪较小的情况下依然能够实现连续发电及发电电压基本稳定，根据我国近海岸能流密度相对较小来设计的。该装置的研究解决了电力输出的稳定性问题，且在恶劣海况下也可以高效稳定地运行。

“海院 1 号”在电力输出方面具有较好的稳定性，在设备装置的可靠性、发电效率、管理和维护成本等方面具有较大优势。可以为海岛居民提供生活用电，可以为海洋网箱养殖提供生产用电，还可以为海岛国防供电。尽管“海院 1 号”真正实现产业化还需要相当长的时间，还需要攻克许多技术方面的难题，但是该装置为我国波浪能的发展画上了浓墨重彩的一笔。

8.5 分布式发电和智能电网技术发展分析

8.5.1 分布式发和智能电网是海洋能发电的重要配套条件

美国新能源战略的实施核心就包括力推分布式能源系统和建立与之相适应的强大的智能电网。西方国家的经验表明：如若想减少投资，缩减成本，降低能源消耗，提高系统的灵活性和安全性能，最主要的方法就是将智能电网环境下的大电网系统和分布式发电系统相结合，相辅相成，共同发展。

分布式发电是指直接布置在配电网或分布在负荷附近的发电设施，经济、高效、可靠地发电。分布式发电系统是所有不直接与国家电网连接、不由中央配电系统进行配送、不经电网调频的发电系统。现在只有高压和超高压线路才被看作输电线，这些线路只与 10 MW 以上电厂连接，因此一般认为只有 10 MW 以上才可以直接参与电力市场（即售电）。按此标准，10 MW 以下电厂宜采用分布式发电系统。分布式发电可以降低环境成本，适合向海岛、农村等偏远地区，还有经济不发达的中小城市或商业区的地区供电，有助于促进能源的可持续发展，提高海洋可再生能源的竞争力。

智能电网以集成的、高速双向通信网络为基础，通过先进的传感和测量技术、高端的控制方法、高新的技术设备、合理的决策支持系统技术应用，实现电网的可靠、安全、经济、高效、环境友好和使用安全的目标。包括：智能变电站，智能配电网，智能电能表，智能交互终端，智能调度，智能家电，智能用电楼宇，智能城市用电网，智能发电系统，新型储能系统。智能电网具有柔性，且在交直流输电、网厂协调、智能调度、电力储能、配电自动化等技术领域广泛应用，使电网的控制更加便利，并能适应大量分布式电网和微电网的并入。

8.5.2 分布式发电技术已趋成熟

随着中国政府于2012年底推出一系列政策，分布式光伏发电在中国逐渐受到重视。截至2012年底，中国已并网投产的分布式电源1.56万个，装机容量$3\ 436\times10^4$ kW，其中分布式水电$2\ 376\times10^4$ kW，居世界第一；近年来余热、余压、余气资源综合利用和生物质发电发展迅速，装机871×10^4 kW，居世界前列。与此同时，我国风机、光伏电池和组件产量居世界第一，成为世界新能源装备制造中心；微型燃气轮机设备研制取得重大突破，初步具备了自主研发能力。2013年，国家电网有限公司（即国网公司）发布《关于做好分布式电源并网服务工作的意见》，进一步将示范扩大到天然气、生物质能、风能等新能源形式。可见我国光伏、天然气、生物质能、风能分布式发电技术已经趋于成熟，可为我国海洋可再生能源分布式发电系统的建设提供宝贵经验。

8.5.3 智能电网建设已全面展开

考虑到电力建设投资规模的不断提高，用电需求的不断扩大，为进一步优化资源配置，提高供电效率，2009年5月，国网公司坚强智能电网研究工作组编制了《自主创新、国际领先坚强智能电网综合研究报告》，首次提出智能电网概念，提出到2020年，全面建成坚强智能电网，技术和装备全面达到国际领先水平。

2012年中国智能电网建设与清洁能源发展将全面提速，到2015年，我国特高压已形成“三纵三横一环网”基本格局，基本建成具有信息化、自动化、互动化特征的坚强智能电网，形成以华北、华中、华东为受端，以西北、东北电网为送端的三大同步电网，初步建成世界一流电网。

根据国网公司2010年3月发布的《国家电网智能化规划总报告（修订稿）》，将“坚强智能电网”的建设计划划分为三个阶段，其中2016—2020年为引领提升阶段，计划总投资1.4万亿元，该阶段重点是基本建成坚强智能电网，使电网的资源配置能力、安全水平、运行效率以及电网与电源、用户之间的互动性显著提高。

8.6 小结

浙江省在潮汐能和潮流能技术创新方面技术成熟，技术示范推广全国领先，潮流能技术创新世界领先，波浪能技术创新走在全国前列。

浙江本地技术创新能力较强，基本形成稳定研究和实验和示范基地，开放的环境也吸引着国内外其他研究力量的参与浙江的技术创新活动。

岱山列为国家潮流能试验场及示范基地，为获取国家资源支持提供保障。

浙江区域分布式发电初步成熟并得以推广，智能电网全面展开，为海洋可再生能源发电商业化应用提供了必要的配套条件。

浙江省的海洋可再生能源技术创新具有扎实的基础，具有在全国率先研发、率先示范、率先商业化、率先受益的技术基础、技术力量和资源环境。加强对浙江海洋可再生能源技术创新的支持非常具有战略意义。

第 9 章 浙江省海洋可再生能源技术创新的社会经济环境分析

9.1 政治环境分析

9.1.1 国际政治环境分析

20 世纪 60 年代以来，世界范围内的环境污染与生态破坏问题日益严重，环境问题和环境保护逐渐为国际社会所关注。1992 年 6 月，联合国环境与发展大会（又称地球首脑会议）在巴西里约热内卢举行。178 个国家和地区的 1.5 万名代表参会，其中 118 个国家和地区的国家元首和政府首脑参加了大会。会议通过了《里约环境与发展宣言》（又称《地球宪章》）《21 世纪议程》《气候变化框架公约》和《生物多样性公约》等一系列重要文件，确立了要为子孙后代造福、走人与大自然协调发展的道路，并提出了可持续发展战略，确立了国际社会关于环境与发展的多项原则，其中“共同但有区别的责任”成为指导国际环发合作的重要原则。

1992 年 6 月 3—14 日，在巴西里约热内卢召开的联合国环境与发展大会上通过的《21 世纪议程》，是“世界范围内可持续发展行动计划”，它是前至 21 世纪在全球范围内各国政府、联合国组织、发展机构、非政府组织和独立团体在人类活动对环境产生影响各个方面的综合行动蓝图。

2015 年 12 月 12 日在法国巴黎气候变化大会上通过、2016 年 4 月 22 日在美国纽约签署了《巴黎气候协定》，该协定为 2020 年后全球应对气候变化行动作出安排，明确了环境保护与治理上全球共同追求的“硬指标”。

2015 年 9 月在联合国通过《2030 年可持续发展议程》包括 17 项可持续发展目标和 169 项具体目标，将推动世界在今后 15 年内实现 3 个史无前例的非凡创举——消除极端贫困、战胜不平等和不公正及遏制气候变化。该议程的第 13 项目标提出，采取紧急行动应对气候变化及其影响；第 14 项目标提出，保护和可持续利用海洋和海洋资源以促进可持续发展。

以上国际社会对全球气候环境的关注和共同协议，使开发可再生能源成为全社会的迫切要求。

9.1.2 国内政治环境分析

1）我国政府对国际公约的承诺与履行

1994 年 3 月 25 日，经国务院第十六次常务会议审议通过了《中国 21 世纪议程》，该文件是中国政府对履行《21 世纪议程》等文件的庄严承诺。1998 年 5 月中国政府签署并于 2002 年 8 月核准了《京都议定书》。中国全国人大常委会于 2016 年 9 月 3 日批准中国加入《气候变化协定》（即《巴黎协定》）。2016 年 9 月 19 日，李克强宣布发布《中国落实 2030 年可持续发展议程国别方案》。这标志着中国将坚持不懈落实可持续发展议程，推动国家发展不断朝着更高质量、更有效率、更加公平、更可持续的方向前进。

我国政府对国际公约的承诺与履行，不仅是责任，更是自加压力，对可再生能源产业带来机遇。

2）国内社会各界对环境保护与治理高度关注与响应

从 2011 年开始，美国大使馆持续播报 PM2. 5 的行为终于引发了国内社会关注，加之政府终于承认了“雾霾”一词，使我们对雾霾更加关注了。

针对空气不断环境恶化的状况，引起人大代表、政协委员、企业家及广大人民群众的普遍重视，推动着我国制定了一系列的相关法律的出台：《重点区域大气污染防治“十二五”规划》（国务院，2012）、《大气污染防治行动计划》（2013）、《中华人民共和国环境保护法》（2014）和《中华人民共和国大气污染防治法》（2015）。

近些年来，环境污染问题和能源问题愈发严重，在整顿和治理的同时，也要开始关注新能源和可再生能源的开发和利用，逐渐重视新能源政策的促进和保障作用，把可再生能源作为改善能源结构，应对气候变化和保障能源安全的替代能源，推动可再生能源市场，提高可再生能源技术的国产化水平，降低可再生能源利用成本，逐步提高可再生能源对常规能源的代替，才能实现长期发展。

3）海洋强国战略，开发和利用海洋资源，有利于可再生能源开发综合条件的形成

随着世界各国对海洋认识的逐步深化，海洋越来越明显地展示出在资源、环境、

空间和战略方面得天独厚的优势。世界各国普遍认识到，海洋将成为人类生存与发展的新空间，成为沿海各国经济和社会可持续发展的重要保障，成为影响国家战略安全的重要因素。世界主要沿海大国竞相把维护发展海洋经济、国家海洋权益、保护海洋环境列为本国的重大发展战略。如美国于1999年提出了“回归海洋，美国的未来”的内阁报告，强调海洋是保持美国实力和战略安全不可分割的整体；加拿大于1997年出台了《海洋法》，并制定了21世纪海洋战略开发规划；澳大利亚制定了以综合利用和可持续开发本国海洋资源为中心的21世纪海洋战略规划；日本的中心目标就是在21世纪成为海洋强国。

基于此，党的十八大报告提出，提高海洋资源开发能力，发展海洋经济，保护海洋生态环境，坚决维护国家海洋权益，建设海洋强国。党的十九大报告提出，坚持陆海统筹，加快建设海洋强国。可见我国现在到了全面加快海洋强国建设的时候了。党中央的战略部署为我国在21世纪从海洋大国转变为海洋强国指明了前进的方向，为开发和利用海洋资源提供了良好的条件。

4）创新型国家战略，为海洋可再生能源技术创新提供动力

创新型国家是以技术创新为经济社会发展核心驱动力，为整个社会注入创新活动力。2017年10月18日，习近平同志在党的十九大报告关于加快建设创新型国家的内容中指出：“创新是引领发展的第一动力，是建设现代化经济体系的战略支撑。要瞄准世界科技前沿，强化基础研究，实现前瞻性基础研究、引领性原创成果重大突破。”创新型国家战略必将转化为一种渗透社会各界各产业的创新文化，为海洋可再生能源技术创新提供动力。

9.2 文化环境分析

浙江省独特的地理位置，优厚的海洋资源与悠久的地域文化传统，影响着浙江的海洋文化、创新文化、商业文化和政府文化。

9.2.1 海洋文化

海洋文化是源于海洋而生成的文化。浙江独一无二的海洋先天条件和丰富的海洋资源造就了独特的浙江海洋文化。浙江临海的优异地理环境不仅造就了工商实业、海外贸易和运输业的进一步发展，更有利于形成开放创新的思维，激励人们前赴后继、开拓创新。正如黑格尔在《历史哲学》中提到的，在临海地区的人民群众被海洋“激起了勇气，要去超越那有限的一切。海邀请人类从事征服、从事海盗式的掠夺，但同时也鼓励人类从事商业和正当的利润。”环境与人的生活息息相关，不同的生活环境造成了不同的观念、素质和行为方式。海洋文化必将引导着浙江人探索海洋能源技术的兴趣。

9.2.2 创新文化

浙江人民讲究实际、重视实业、不甘落后，十分务实地追求世俗生活，向往物质财富。这种世俗化倾向和致富愿望构成浙江经济发展的文化基础和源泉。浙江的区域商业文化的独特之处在于讲究实际，注重功利，重视工商，不尚空谈。早在南宋时，“永嘉学派”代表人物叶适就提出“功利与仁义并存”“既无功利，则道义者乃无用之虚语”“抑末厚本，非正论也”等经济观点，直接批判重义轻利、重农抑商的儒家正统思想。明代的冯应京明确提出“工商为本”的思想。到了清初，浙东学派代表人物黄宗羲等人也一脉相承地强调经世致用，认为“救弊之道在实学，不在空言”。

浙江从一个资源匮乏的小省，发展成为走在全国前列的经济强省，一条重要的成功经验就在于鼓励大众创业，万众创新。杭州提出打造大众创业、万众创新的乐园。搭建创新孵化平台，建设一批创客空间、创业者加速器等创新型孵化器，构建一批面向大众的“众创空间”等创业服务平台，打造经济发展新引擎。宁波已基本形成了包括市场准入、拓宽融资、服务平台、财政投入等方面的创业政策扶持体系，将创业扶持政策覆盖到大学毕业生、城镇就业困难人员、农村转移就业人员、新宁波人等城乡全部劳动力。

目前，浙江除了6个国家级高新区与跨境电子商务实验区，各地的科技企业孵化器、创新园区也不断涌现：创客小镇、私募基金小镇、互联网创业小镇、云计算产业小镇等创业社区、创业一条街，汇聚着各类人才和创业要素资源，形成一派大众创业万众创新的新经济、新生态、新产业。这些新成就使浙江创新精神不断发展和延伸。

浙江的创新文化必将为海洋技术研发焕发出动力。

9.2.3 商业文化

浙江的商业文明历史源远流长，工商业活动自古就有深厚的民间基础。在农业经济占据绝对优势，商人居“四民”末位的传统社会，较之于大多数兄弟省市，浙江的商业和商人的作用和社会地位依旧突出。浙江工商业活动的历史传承和脉络完整清晰。隋朝时京杭大运河的贯通使得杭州成为江南物资的集散中心；五代吴越国王钱镠的励精图治使得浙江在两宋后富甲东南；宋元时期，浙江凭借发达的桑蚕丝织业和优良的海港资源成为“海上丝绸之路”重要的出发点和腹地。

清末民初，中国民族资本主义工商业出现了短暂的繁荣。不少浙江籍官僚、买办和商人相继创办了一批民族产业，并以上海为基地，参与了新式银行的投资。这些民营银行的出现表明了中国近代金融资本的正式产生，标志着中国金融进入了一个新时代。这些大银行和大企业资本集团被统称为浙江财团，也是当时中国最大的财团。

蒋介石执政时期，浙江财团便是南京政府赖以建立政权和财权的支柱，但是他们在南京政府中所获得的权利却与他们的付出不成正比，从而导致集团内部出现矛盾，各个派别最终被政府个个击破。

中华人民共和国成立初期，新民主主义革命和土地制度改革完成后，国内对资本主义工商业进行社会主义改造，打击投机商业，建立计划经济。因此，从中华人民共和国成立后到改革开放前，浙江民间的自主工商业活动基本都处于低潮期。

计划经济至1978年改革开放之前的农村社队企业时期，这一计划经济环境中的农村集体工业经济形态为浙商的成长提供了最初的人力资源积累。20世纪90年代初至90年代中期，国家推动改革开放政策，非公有制经济开始大力发展，从全国来看，这一时期浙江发展非公有制经济是很有特色和成效的。据1995年工业普查资料显示，当年浙江全部工业总产值占全国的8.9%，而个体工业总产值占全国的17.8%，私营工业总产值占全国的23.8%。“个私经济看浙江”，浙江省对于我国发展非公有制经济起到模范性作用。

浙商文化在浙江文化中孕育而生，两者互相促进，互相融合，这也使浙江商人在中国商业文化当中有着不可替代的作用。就是因为浙江商人所具备的善于创新、自强不息、务实等精神，所以才能创造一个又一个的商业奇迹。

商业文化必将在导引民间资本参与海洋可再生能源技术创新发挥作用。

9.2.4 亲民的政府文化

唐帝国灭亡后，华夏大地进入了一个崭新的时期。各地藩镇、军头纷纷建立自己的政权。从公元886年开始，由钱镠建立的吴越国，一直保持自己的国号，直至钱弘俶时代，向宋太祖称臣，使得吴越的百姓免遭战火之苦。

钱镠在位期间，采取保境安民的政策，经济繁荣，渔盐桑蚕之利甲于江南；文士荟萃，人才济济，文艺也著称于世。他曾征用民工，修建钱塘江捍海石塘，由是“钱塘富庶盛于东南”。在太湖流域，普造堰闸，以时蓄洪，不畏旱涝，并建立水网圩区的维修制度，由是田塘众多，土地膏腴，有“近泽知田美”之语。还鼓励扩大垦田，由是“境内无弃田”，岁熟丰稔。两浙百姓都称其为海龙王。

浙江自古以来亲民的政府文化，是浙江文化中不可或缺的组成部分。改革开放以来，浙江省在自然资源十分匮乏、工业基础极其薄弱的不利条件下，发展为国内 GDP 第 4 位的经济大省，在这其中，浙江各地方政府发挥了重要作用。首要作用就是浙江各地政府默许、认可和支持创新行为，尊重群众在实践中创造的改革和发展的不同模式，因此，在计划经济的当时出现了以“温州模式”为代表的民间制度创新。

随着经济体制改革的不断推进。以邓小平南巡谈话的发表和党的十四大确立社会主义市场经济体制改革目标为标志，个体、私营经济的合法性得到承认。浙江政府担起重任，将计划和市场进行衔接，为完善市场体系提供各种有效的政策机制和制度环境，积极引导、扶持、民营经济的发展，有力地促进了当地经济的增长和社会事业的发展。

进入 21 世纪，市场经济的逐步完善，浙江各级政府主动转变职能，从经济建设型政府加快向服务型政府转型。浙江各级政府积极编织“服务网”和“安全网”，有效地加快了向服务型政府的转型。

在政府职能建设上，逐渐推进政府机构改革，形成并保持一个“集约型政府”，一直以来对行政机构、人员编制、财政支出持谨慎、控制的做法；积极推进政府运行机制转变，打造出“最多跑一次”的公共服务体系。

亲民的政府文化，有利于构建“产学研、官商学相结合”的技术创新体系。

9.3 经济环境分析

9.3.1 经济与能源发展不平衡是海洋可再生能源技术创新的内在要求

浙江省是国内经济强省，也是能源消耗大省，但却是能源供给小省，能源供需矛盾、经济发展与环境的矛盾都比较突出。据浙江省统计报告显示 2015 年，浙江省一次能源生产总量为 2 133 $\times 10^4$ t 标准煤（等价值），比上年增长 37.3%。净调入和进口能源 18 680 $\times 10^4$ t 标准煤，比上年增长 9.8%。全省一次能源自产率为 5.3%（当量值）。全省能源消费总量 19610 $\times 10^4$ t 标准煤，比上年增长 4.2%。其中，煤炭消费 13 826 $\times 10^4$ t，与上年基本持平。石油及制品消费 2 970 $\times 10^4$ t，比上年增长 6.8%。天然气消费 78.0 $\times 10^8$ m^3，比上年增长 2.0%。水、核、风及太阳能电力消费 749 $\times 10^8$ kW · h，比上年增长 37.1%。全社会电力消费总量 3 554 $\times 10^8$ kW · h，比上年增长 1.4%。

从数据来看，浙江省的新能源增长率有所提升，但自给率低，还是以化石、煤为主要能源。为实现浙江省实现节能减排和合理控制能源消费总量的目标，加大海洋可再生能源开发力度是浙江省优化能源结构、提高能源自给率的必然趋势。

9.3.2 政府财政资源相对丰富

经济的飞速发展需要足够的能源支持，能源的前期发展需要靠巨大的经济投入，二者不可或缺，两者相互依赖，共同促进。近20年以来，浙江的经济发展取得较好成绩，主要经济指标保持全国前列（表9-1）。2016年，浙江省财政总收入9 225亿元，一般公共预算收入5 302亿元，比上年同口径分别增长7.7%和9.8%，其中，税收收入4 540亿元，增长9.0%，占一般公共财政预算收入的85.6%。浙江省能够凭借自身的资本和市场优势，积极引进消化吸收技术并再创新，加快发展可再生能源。

表9-1 2016年各地财政收支及财政供给率状况

排名	省市	一般公共预算收入/亿元	增速（%）	一般公共预算支出/亿元	财政自给率（%）
1	广东	10 390.33	10.3	13 447.42	77.27
2	江苏	8 121.23	5.0	9 990.13	81.29
3	上海	6 406.13	16.1	6 918.9	92.59
4	山东	5 860.20	8.5	8 750	66.79
5	浙江	5 301.81	9.8	6 976.33	76.00

数据来源：公开数据整理。

9.3.3 民营企业实力雄厚

从企业的入围数量看，排名前十的省份同比变化不大。浙江省、江苏省和广东省依然蝉联前三名，但占比重由所下降（表9-2）。从营业收入总额和资产总额来看，2016年浙江省和江苏省仍居前两位（表9-3）。浙江省入围企业营业收入总额占比为17.88%，同比减少2.22个百分点；资产总额占比为10.99%，同比减少2.17个百分点；资产总额占比为10.96%，13.46%，同比减少2.50个百分点；广东省虽然入围企业数排名第三，但其资产总额占比为26.22%，位居第一。

表9-2 2012—2016年民营企业500强省市分布

省份	企业数量/家				
	2016年	2015年	2014年	2013年	2012年
浙江省	120	134	138	138	139
江苏省	82	94	91	96	93
广东省	59	50	40	24	21
山东省	58	48	53	54	54
河北省	19	18	15	19	16

续表

省份	企业数量/家				
	2016 年	2015 年	2014 年	2013 年	2012 年
湖北省	19	18	16	15	18
北京市	16	12	12	10	8
河南省	15	12	16	14	15

数据来源：《2017 中国民营企业 500 强调研分析报告》。

表 9－3　2016 年民营企业 500 强营业收入和资产的省市分布情况

2016 年排名	2015 年排名	所在地区	入围企业		营业收入总额/亿元		资产总额/亿元	
			数量	占比	数量	占比	数量	占比
1	1	浙江省	120	24.00%	34 627.93	17.88%	25 708.80	10.99%
2	2	江苏省	82	16.40%	34 821.31	17.98%	25 633.79	10.96%
3	3	广东省	59	11.80%	33 696.65	17.40%	61 334.09	26.22%
4	4	山东省	58	11.60%	22 080.93	11.40%	15 710.50	6.72%
5	5	河北省	19	3.80%	7 096.78	3.67%	9 460.35	4.04%
6	6	湖北省	19	3.80%	4 591.66	2.37%	4 617.97	1.97%
7	10	北京市	16	3.20%	11 252.90	5.81%	18 728.66	8.01%
8	11	河南省	15	3.00%	3 586.94	1.85%	3 713.34	1.59%
9	7	上海市	13	2.60%	6 222.62	3.21%	6 862.05	2.93%
10	9	天津市	13	2.60%	3 094.42	1.60%	2 351.07	1.01%

数据来源：《2017 中国民营企业 500 强调研分析报告》。

从表 9－3 中可以看出，浙江省有着雄厚的民间资本，可以为海洋可再生能源的发展提供更多的融资渠道，如果适当地引导民间资本，投入浙江省的海洋可再生能源产业，可以加快海洋可再生能源产业化发展的步伐。

9.3.4　对外开放力度全国领先

浙江省是中国经济最活跃的省份之一，扩大开放一直走在全国前列，海外贸易发达。近些年，浙江省对外开放进一步加速扩大，随着中国浙江自由贸易试验区的设立和运作，义甬舟（即义乌—宁波—舟山）开放大通道逐步形成，义乌国际贸易综合改革试点的展开，杭州、宁波跨境电商综合试验区的迅速推进，G20 峰会举行和“一带一路”国际效应逐步扩散，浙江已经成为了全国开放型经济重要的增长极。2017 年，浙江省政府出台了《关于扩大开放积极利用外资的实施意见》，必将推动浙江形成更为良好的对外开放环境。

9.4 相关规划与政策分析

目前还没有单独就海洋可再生能源发展进行规划，与海洋可再生能源发展相关的规划和政策内容主要体现在《浙江海洋经济发展示范区规划》和《浙江省“十二五”及中长期可再生能源发展规划（2012）》中。

9.4.1 《浙江海洋经济发展示范区规划》相关内容

2011年2月，国务院正式批复《浙江海洋经济发展示范区规划》，将浙江海洋经济发展示范区建设上升为国家战略。该规划对于浙江省海洋可再生能源的开发与发展具有重要指导意义。与可再生能源技术创新相关的内容主要体现在以下几个方面。

在发展海洋装备制造业中，提出“坚持引进与培育并举，提升海洋装备工业技术集成和设备成套化水平”“重点发展杭州和舟山潮汐能设备、海水淡化成套设备，台州海洋环保设备……打造海洋先进装备业基地，形成较强国际竞争力”。

在发展清洁能源产业中，提出“积极开发海岛和近海风能、潮汐能、潮流能、生物质能等新能源，鼓励海洋新能源开发试验项目落户，打造重要的海洋能研究与开发基地”。

在科技政策中，提出“在海洋能开发等领域建立科研中心和重点实验室”“支持国家级科研机构在浙江设立海洋科研基地，吸引一批境外高等科研院所到浙江落户或参与研发，推进科研成果转化。加强重点科研创新服务平台建设，为涉海企业提供科研创新服务。扶持一批海洋战略规划、勘测设计、海域评估等中介机构”。

在海域资源政策方面，提出“按照土地利用总体规划，科学控制沿海和有居民海岛建设用地规模和开发强度，优化用地方式及空间布局，积极探索重大建设项目补充耕地统筹办法和耕地占补平衡市场化方式，完善耕地和基本农田保护补偿机制，保障生态和重点产业项目用地”。

在产业政策中，提出在浙江沿海构建宁波都市圈、杭州大江东产业集聚区、舟山海洋产业集聚区、温州瓯江口产业集聚区、台州湾循环经济产业集聚区、嘉兴现代服务业集聚区和绍兴滨海产业集聚区的布局。

在财税政策中，提出“制定和完善浙江省可再生能源投资、电价、税收和并网等激励政策”“切实加大财政资金投入，重点支持可再生能源资源调查评价、创新技术研发和示范、农村可再生能源利用、可再生能源服务产业建设等”。

在金融政策中，提出“支持综合运用银团贷款等形式，满足海洋产业重大项目信贷资金需求”“加快涉海项目信息库建设，深化银企合作。推进完善海域使用权抵押贷款业务”“加强金融机构自主创新和公司治理，促进海洋产业升级发展”。

9.4.2 《浙江省“十二五”及中长期可再生能源发展规划》相关内容

2012 年，浙江省人民政府批准了《浙江省“十二五”及中长期可再生能源发展规划》，该规划期限为 2011—2030 年，以 2011—2015 年为重点。规划中对海洋可再生能源开发的任务是，“发挥浙江省潮汐能资源的优势，依托自主研发的技术和实践经验，加快建设万千瓦级潮汐能发电示范项目。积极开展海洋能发电技术的研究与示范，探索海洋能利用的各种技术途径。重点在岱山海域开展大功率机组的潮流能发电实验和大面积推广选址的论证，在温州海域开展波浪能发电的研究开发和示范项目。到 2015 年，力争开工建设三门健跳港潮汐能电站和宁海岳井洋潮汐能发电示范项目；到 2020 年，全省海洋能发电累计装机容量达到 8 万千瓦；到 2030 年，全省海洋能发电累计装机容量达到 20 万千瓦。”

9.5 浙江省社会经济环境的综合评价

温室气体减排和发展清洁能源的国际国内的政治环境为海洋可再生能源利用和技术创新提供了市场需求，国家层面关于海洋可再生能源的顶层设计基本明确并将浙江定位全国三个重点技术创新示范应用的其中之一，浙江海洋可再生能源技术创新的宏观环境比较优越。

浙江海洋可再生能源技术实验、示范项目较多，技术积累丰富，具有国家潮流能技术推广示范基地，研发机构实力较强，市场开放，国际国内合作环境宽松，浙江省职能部门支持，浙江海洋可再生能源技术创新的基础和内部机制比较优越。

浙江资金实力雄厚，具有适合海洋可再生能源技术创新的文化土壤。

存在的主要问题是，目前浙江省浙江海洋可再生能源技术创新的顶层设计尚不够明确，还没有明确的战略定位；关于海洋可再生能源技术的创新支持纳入可再生能源规划与政策范围为时不长，尚未构成科技进步的重点支持领域；从海洋可再生能源技术创新实际出发的系统支持政策和机制尚未建立起来，目前只能借助海上风电、光伏技术推广的体系予以支持，针对性和战略性不够突出。

第10章 浙江海洋可再生能源技术创新战略分析及对策建议

在本书前8章中关于浙江海洋可再生能源技术创新的资源、技术、环境、创新实践、创新能力和政治经济文化环境等阐述的基础上，采用SWOT分析框架，分别从优势（S）、劣势（W）、机会（O）、威胁（T）四个方面，对环境进行系统梳理，进而对浙江海洋可再生能源技术创新进行战略定位分析，为战略选择建议奠定理论基础。

10.1 优势分析

10.1.1 资源优势

从本书2.6节的资源分析可知，浙江潮流能、潮汐能在全国省区最具优势，波浪能和盐差能在全国省区具有一定优势，海洋温差能没有优势；舟山潮流能、潮汐能和波浪能都具有区位优势，浙西南和钱塘江具有潮汐能资源优势；钱塘江和瓯江口具有盐差能资源优势。可再生能源蕴藏量与浙江2016年发电总装机容量及火电装机容量比较见表10－1。

表10－1 可再生海洋能蕴藏量与2016年浙江省发电总装机容量比较（单位：kW）

潮汐能	海流能	波浪能	盐差能	前四项合计	总装机容量	火电装机容量
8.57×10^6	5.19×10^6	1.97×10^6	3.46×10^6	1.92×10^7	8.3×10^7	6.1×10^7

据浙江省统计报告显示，2016年总装机容量为8.3×10^7 kW，火电装机容量约6.1×10^7 kW。从表10－1可见海洋可再生能源蕴藏量是2016年火电装机容量的0.31倍。可见，如果海洋可再生能源得到充分开发，对减轻碳排放，提升空气质量和保护大气层具有重大意义。

10.1.2 海洋空间优势

浙江海洋空间资源丰富，能够为浙江海洋经济的快速发展提供助力，也使得浙江海洋能的开发具备了得天独厚的天然优势。

浙江省位于长江三角洲以南，海域面积为 $22\times10^{4}\ km^{2}$，约是陆域面积的2.2倍，海岸线总长居全国首位。面积500 m^{2}以上海岛2 878个，数量居全国首位。浙江省海岸线曲折，河口、港湾众多，自北向南分别有杭州湾、象山港、三门湾、台州湾、乐清湾、温州湾等。浙江海洋空间资源丰富多样，为加快发展海洋经济提供了优越的空间基础和资源优势。

10.1.3 技术优势

潮汐能、潮流能发电技术成熟，其技术应用在浙江形成优势。

海洋可再生能源技术研发是发电产业发展和壮大的技术保障，浙江省内已形成若干在海洋可再生能发电研究和施工具有优势的高校、机构和企业，为海洋可再生能源发电研究提供了技术支持。

浙江潮汐能、海流能发电，是全国重要的实验示范基地，积累了丰富的经验，潮汐能技术成熟，海流能处在世界领先水平。

10.1.4 资金优势

改革开放之后，浙江经济快速发展，主要指标在全国名列前茅。2016年，浙江省财政总收入9 225亿元和一般公共预算收入5 302亿元，都排名全国前五。2016年统计全国500强民营企业，浙江在企业数量、营业收入和资产总量都稳居第一。浙江省地方财政和民营经济实力财力雄厚，使其能够凭借自身的资本和市场优势，积极引进消化吸收技术并再创新，加快可再生能源的技术创新与开发。正确的政策导向可促进大资金与海洋可再生能源开发结合起来。

10.1.5 对外开放优势

随着浙江省对外开放的力度加大，中国浙江自由贸易试验区、义甬舟六位一体多式联运综合枢纽、义乌国际贸易综合改革试点和杭州、宁波跨境电商综合试验区等项目逐步建成，促进了浙江经济的转型升级。积极参与“一带一路”建设，深化改革开放，优化投资环境，构建开放合作平台等，这一系列举措为海洋可再生能源的发展提供了重要条件。

10.1.6 文化优势

浙江省独特的地理位置，优厚的海洋资源与悠久的地域文化传统，使得浙江的海洋文化、创新文化、商业文化以及亲民的政府文化为海洋可再生能源的发展起了推动作用。

浙江优良的海洋地理环境不仅有利于发展工商实业、海外贸易和运输业，也有助于浙江人民形成开放勇敢的品质，努力开拓进取，迎接“海洋世纪”的到来。资源条件的先天不足造就了浙江人自强不息和百折不挠的实干精神和创新精神。浙江提出打造大众创业、万众创新的乐园。浙江的商业文明历史源远流长，工商业活动有深厚的民间基础，对浙江的人文精神有了新的提升。这种求速度、善于创新、善于独创“创富模式”的商业文化使得浙江省的经济从弱到强。浙江政府从实际出发，尊重群众在不同的实践过程中创造性的改革和发展的不同模式，服务社会和市场的服务能力使得浙江省的人民更加乐于去开拓创新。

10.1.7 政策优势

国家层面的顶层设计已经完成。浙江省基本摸清了省内可再生能源的储量和基本情况，并制定和逐步完善了可再生能源研制、投资、电价补贴、税收优惠和并网等一系列激励政策。

10.2 劣势分析

10.2.1 波浪能资源分布不均

虽然浙江沿海海域波浪能资源比较丰富，能流密度较高，但是分布不均。海域内波浪能的平均能流密度为7.2 kW/m^2，北部部分海域的平均能流密度可达到11 kW/m^2以上，南部海域的平均能流密度为5~9 kW/m^2，海岸线附近和杭州湾内的平均能流密度在1 kW/m^2 以下，舟山群岛附近海域的平均能流密度在3~8 kW/m^2。

10.2.2 海洋温差能可开发利用量极低

海洋温差能方面，浙江省处于东海范围内，理论上存在开发的可能性，但由于本区海水暖，冷层温差平均只有4℃，这样低的温差实难加以利用。故从实际应用情况出发，本区海洋温差能的可开发利用量基本为零。

10.2.3 海洋可再生能发电项目成本偏高

浙江省经济在全国范围内属发达地区，人稠地窄，土地资源的紧缺使得土地成本急剧上升。此外，由于经济发达，浙江省的劳动力成本高于其他内陆省份，这也使海洋可再生能源的发电成本增高。从海洋能自身来说，海洋可再生能源分布不均导致项目的道路修建、运输等费用也高于其他地区，与此同时，海洋可再生能源多集中在沿海区域和海岛等地，这些地区易受台风等恶劣天气影响，恶劣的自然环境会直接导致设备的修理和维护费用高于其他内陆省份。

10.2.4 海洋可再生能发电技术商业化程度不高

除潮汐能发电技术外，其他的发电技术均不够成熟。除潮汐能以外，其他的均未实现产业化。盐差能、海洋温差能目前还处于发电装置实验室实验研究阶段。目前国内海洋能发电设备的设计和制造企业数量还很少，仍需要国家的大力支持。

10.2.5 浙江省的顶层设计尚不够明确

目前浙江省浙江海洋可再生能源技术创新还没有明确的战略定位；关于海洋可再生能源技术的创新支持逐步纳入可再生能源规划与政策范围为时不长，尚未构成科技进步的重点支持领域；从海洋可再生能源技术创新实际出发的系统支持政策和机制尚未建立起来，目前只能借助海上风电、光伏技术推广的体系予以支持，针对性和战略性不够突出。

10.3 机遇分析

10.3.1 海洋强国战略和一系列涉海能源开发规划为海洋可再生能源发电提供了战略机遇

国家战略与规划为浙江省海洋可再生能源发电的探索与发展提供了方向和宏观环境方面的指导。浙江省应依据自身的资源、技术优势和潜力，积极向国家争取海洋可再生能源发展项目和示范工程，寻求国家资金技术上的扶持，在产业发展中获得先机。在技术上应多与其他省份合作交流，因地制宜的发展海洋可再生能源。

10.3.2 配套技术的发展为海洋可再生能源发电提供了配套资源

分布式发电技术的发展为海洋可再生能源发电提供了必要的技术支撑，且智能电网的大规模利用也为海洋可再生能源发电提供了机遇。

新材料工程技术的迅速发展为高性价比的抗浪防腐材料的获取提供了机遇。海洋能发电的一大难题是海洋平台的抗风浪和防腐，随着科技的发展，平台施工技术与新材料的开发使得平台的抗风浪水平有了一定的发展，防腐新材料的开发也使得平台的防腐性能得到了提升，为海洋可再生能源的发电提供了机遇。

10.3.3 国际国内合作机遇

国际海洋可再生能源技术创新具有明显的差异化特征，各国支持的技术创新领域和重点方向差异较大，并在各自的重点支持领域取得突破。项目示范和推广，将不断丰富“G20可再生能源发展自愿选择工具箱”的内容，扩大技术扩散效应，为全球海洋可再生能源资源的全面开发，推动全球温室气体减排和发展清洁能源，提供技术支持。这些技术都可以为我所用。

国内有许多实力雄厚的科研机构利用浙江的资源、技术和资本，必将对当前的技术有所突破和发展。

国内外一些支持可再生能源技术创新战略与政策制定与实施的经验可以借鉴。

10.3.4 战略性新兴产业成长的机遇

海洋可再生能源技术产业将是明确的海洋战略性新兴产业，许多技术已逐步成熟，产业化机遇即将来临。

10.4 挑战分析

10.4.1 其他新能源技术创新的竞争

新能源（New Energy，NE），又称非常规能源，是指传统能源之外的其他各种能源形式，即刚开始开发利用或正在研究、有待进行推广的能源。新能源的发展与海洋能源具有相互替代的效应，且新能源种类众多，这些能源的发展与兴起也会对海洋可再生能的发展造成一定的威胁。如表10－2所示是一些新能源的优缺点对比。

表10－2 其他新能源开发的优缺点及发展阶段比较

	概念	优点	缺点	发展阶段
风能	空气流做功而提供给人类的一种可利用的能量	资源丰富，分布范围广；发电技术比较成熟，成本下降较快；电站建设周期短，运行方便	风能发电装置建造技术有待提高；噪声和电磁污染；发电利用率低，入网率不高	初步商业化

续表

	概念	优点	缺点	发展阶段
太阳能	太阳的热辐射能，主要表现就是常说的太阳光线	小规模发电效率高；发电潜力广阔；组件寿命长，维护成本低；技术发展快，发电装置所需的基础建设要求较低	季节波动性大，转换率低；占地面积大，地域性强；投资成本高，收益周期长；光伏板组件也会消耗大量资源	技术已成熟；初步商业化
地热能	由地壳抽取的天然热能，这种能量来自于地球内部的熔岩	分布广泛；蕴藏量丰富；单位成本低；建造地热厂时间短且容易	受地域限制；热效率低，有30%的地热能来推动涡轮发电机；矿物质和一些有毒气体会造成空气污染；开采难度较大	研发阶段
页岩气	赋存于富有机质泥页岩及其夹层中，以吸附和游离状态为主要存在方式的非常规天然气，成分以甲烷为主	清洁、高效的能源资源和化工原料，且我国页岩气资源较丰富，页岩气勘探能够直接增加我国天然气供应、优化能源结构为居民、工业等提供能源保证	页岩气开采耗水量大，所注入的化学物质会渗入地下水，污染地下水源；在开采时可能会引发地震	研发阶段
可燃冰	赋存于深海沉积物或陆域永久冻土中，由天然气与水在高压低温条件下形成的类冰状的结晶物质	储量大，总资源量约为全球已知煤、石油、天然气总量的2倍；能量高，1 m^3 可释放160 m^3 天然气；前景广，可供人类使用1 000年；埋藏广，大陆永久冻土、内陆湖深水环境、海底均有分布	开采困难，如果不当，会造成污染与全球变暖	研究和实验采集阶段
核能	通过核反应从原子核释放的能量	发电不会造成空气污染；不会产生二氧化碳；所使用的铀燃料，除发电外，无其他用途；核燃料能量密度比化石燃料高几百万倍；成本较其他发电方法稳定	产生放射性废料；核能发电厂热效率较低，核能电厂的热会对环境造成一定的危害；兴建核电厂较易引发政治歧见甚至纷争	技术成熟
生物质能	太阳能以化学能形式储存在生物质中的能量形式	总量大，分布广；成本具有竞争力；改善土壤和生态环境，促进土地利用率的提高	规模化发展困难，燃料运输成本高，燃料供应和价格不稳定，释放的气体带有异味	技术成熟，已产业化

10.4.2 临海其他产业发展对用地用海的竞争

各国的海岸线资源是有限的，在开发海洋可再生能源后，会占用海岸资源。临海产业的发展会占用海岸线的资源，临海产业会与海洋可再生能源发电之间会产生竞争。所以有必要依据海洋功能区的要求，做好可行性分析和资源评估工作，合理利用岸线资源以获得更大化的效益。

10.4.3 对区域经济环境可能产生一定负面影响

建设期项目对海洋生态环境、海洋景观资源环境和对其他产业空间的挤压产生一定负面影响，对输变电配套资源提出较高要求，但对相关产业的发展提供了市场机遇和创新环境。

大规模海洋可再生能源的开发利用，由于取能过多，可能会对海洋物理环境和生态环境产生一定改变和负面影响，对航运产生一定负面影响，对渔业、旅游、电力供给和温室气体减排产生积极的正面影响。

10.4.4 化石能源价格走低

海洋可再生能源发电与火力发电等传统能源具有相互替代的性质。目前火力发电依然是浙江省发电的主要来源，占发电总量的70%，且火力发电设备已实现国产化，初期投资较海洋可再生能源发电相比较低，设备运行维护费用和人员培训成本较低，而石油、煤炭等传统能源价格一再走低，使得发电成本降低，这也是对海洋可再生能源发电的一大挑战。

10.4.5 海洋可再生能源发电项目风险较大

虽然海洋可再生能源储量巨大，但其发电成本投资过大，设备维护费也高，资金回收周期长，发电效率较低，技术不够成熟，项目投资的自然风险和财务风险都比较大。

10.5 战略组合分析

在对浙江海洋可再生能源技术创新的优势、劣势、机会、威胁分析的基础上，展开两两相交的战略组合分析，分析结果见表10－3。

表 10－3　基于 SWOT 分析的浙江海洋可再生能源技术创新的战略组合分析

	优势（Strength）	劣势（Weakness）
	潮汐能、潮流能具有明显优势，盐差能、波浪能储量具有一定优势； 海洋空间资源丰富：海岸线、海岛、海湾资源居全国前列； 潮汐能、潮流技术积累比较厚，潮汐能技术成熟，海洋技术创新能力强； 财政和民营资本优势； 有利于创新的文化土壤	海洋能虽然丰富，但分布不均，为开采造成了难度； 浙江人多地少，使得开发海洋能成本过高； 海洋温差能资源无优势； 除潮汐能外，海洋能发电技术尚不成熟
机会（Opportunities）	SO 战略	WO 战略
可再生能源需求提升； 潮汐能和潮流能技术逐步成熟、波浪能多路径展开； 海洋强国战略，海洋经济发展，扩大开放与国际合作； 智能电网已全面铺开，分布式发电技术已趋成熟； 新材料技术迅速发展为设备的防腐、抗风浪获得高性价比的材料	以满足浙江环境提升和海洋经济发展需求为导向，不断完善海洋可再生能源的配套技术经济环境，充分发挥浙江人财物优势，大力开展海洋能技术研发和商业化进程，产业化在全国获得先机； 立足资源优势，扩大国际合作，加强潮汐能和海流能发电技术的研发与推广应用，在全球形成领先优势； 结合各地区域特点，有重点、有步骤地开发海洋潮汐能、海流能、波浪能与盐差能资源，中期加大潮汐能产业化力度	非资源优势领域技术先行战略，主要是加强技术研发和实验示范； 优化海陆空间资源规划，为未来海洋能源发展预留空间； 加强波浪能发电设备的研究，提高转化效率，提高发电设备的稳定性
威胁（Threats）	ST 战略	WT 战略
临海其他产业发展对岸线、岛屿和海洋资源的用地竞争； 化石能源价格走低； 其他新能源技术创新的竞争（风能、太阳能、地热、页岩气、可燃冰、核能（裂变、聚变）、生物质能等）； 海洋可再生能源发电项目风险较大	充分利用政府规划和政策优势，与沿海土地综合开发结合起来，提高项目的综合经济效益； 加快海洋新材料和施工技术研究，提供高性价材料，降低成本，提高设备安全运行的寿命周期； 对海洋能源商业化发电项目在项目补足和上网电价方面给予政策支持； 加强海岛海洋能多能互补示范工程示范与推广，为海岛及偏远海域用电用水难题提供解决方案； 探索再生能源绿色电力证书、碳信用额度机制	加强项目前期勘察和规划工作，适时适地发展海洋可再生能源； 严格成本控制制度，设立风险防范控制机制，正确化解项目风险； 海洋温差能选择战略性放弃

综合上述分析来看，浙江海洋可再生能源资源优势明显、技术环境优越，产业化发展前景良好。在进行战略选择时应以SO、ST战略组合为主要战略指向，但同时也应当正视外部风险和内部资源劣势等限制，对WT、WO组合的关注和分析也会是其发展的一种有益补充，通过四个战略的组合，可对浙江海洋可再生能源的发展有一个清晰的了解，从而促进浙江海洋可再生能源技术创新和战略性新兴产业的发展。

10.6 浙江海洋可再生能源技术创新战略及其对策建议

在战略组合分析基础上，按照党的十九大关于“加快建设创新型国家”的精神，落实“创新、协调、绿色、开放、共享”发展理念，以浙江省委、省政府提出的“八八战略”为指导，根据《全国海洋可再生能源发展“十三五”规划》《浙江省“十二五”及中长期可再生能源发展规划》《浙江海洋经济发展示范区规划》和浙江海洋可再生能源技术创新的经验积累及相关环境，在以上战略分析基础上，对浙江省可再生能源技术创新提出战略及保障机制对策建议。

10.6.1 战略思路

1）以需求为导向，立足浙江优势资源，突出重点领域

围绕浙江省经济社会发展，以服务能源结构调整、海岛开发、海洋产业转型升级、海洋权益维护等需求为导向，以浙江优势海洋能资源为基本依据，以现有技术力量和研发成果为基础，科学确定浙江省海洋可再生能源技术创新的重点领域。综合前面的战略分析，我们认为浙江省重点领域可以确定为潮汐能、海流能、波浪能等发电的技术创新。

2）瞄准世界科技前沿，加强前瞻性应用基础研究

潮汐能发电站水库的泥沙淤积问题仍没有完好的解决方案，影响潮汐能发电生产能力的发挥。波浪能发电装置电力输出稳定性低、转换率低、发电功率小，海流能发电机的安装和支撑方法、发电装置中叶片的设计和安装都仍是世界性难题。盐差能开发技术研究的历史较短，技术上尚处于原理性探讨和实验室研究阶段，其关键技术膜技术的研发尚未取得突破。浙江省可利用自身资源和实验示范项目优势，针对这些世界性难题，进行前瞻性研究。

3）突出关键共性技术、海洋工程技术和颠覆性技术创新

潮汐能、海流能、波浪能主要需要突破的关键共性技术是海水腐蚀、抗台风和解决海洋生物附着问题，这是降低海洋可再生能源发电项目建设投入和运行成本、提高经济效益的关键。这些共性问题的解决迫切需要海洋工程材料和施工技术的颠覆性创新。

4）坚持合作创新，大力开展实验示范推广工作

加快开发海洋能已成为世界沿海国家和地区的普遍共识，“构建低碳、智能、共享的能源未来”成为世界大国的共识，G20 国家致力于推动更大范围能源合作，“G20 可再生能源自愿选择工具箱”得到进一步推广。国际能源署（IEA）成立的《海洋能源系统实施协议》（Ocean Energy System - Implementation Agreement，OES - IA），为获取世界技术先进国海洋可再生能源开发利用信息提供了便利。因此，海洋可再生能源技术创新已构成了国内外开放共享的良好环境。浙江省以潮汐能、海流能独特的资源和示范项目优势，广泛吸收国内外各大研究机构的研究力量，按合作研究成果共享的原则，针对技术难题深入开展合作研究，增加和扩大实验和示范项目，为技术的商业化应用奠定基础。

5）着力推进海洋能工程化应用，实现海洋能装备的“稳定发电”

通过海洋能发电技术的工程化应用，在实践中探索发现问题和解决问题，促进海洋能发电装备技术不断成熟：一是持续扩大海洋能工程示范规模；二是拓展海洋能应用领域；三是积极开发利用海岛可再生能源，发展适应海岛环境的技术及装备，加强成熟海洋能技术在海岛地区的推广应用；四是利用我国潮流能、波浪能技术优势和国家重点开发的机遇，以舟山海上发电厂示范基地为基础，在舟山大力推进潮流能、波浪能发电示范和推广项目建设，推动潮流能和波浪能发电技术实现从“能发电”向“稳定发电”的突破；五是建设多种能源互补的示范电站，为海岛居民生活生产、海岛资源保护和海洋权益维护提供能源。

6）降低海洋可再生能源发电设备的制造、安装和运行成本，提高发电项目的比较优势

加快海洋新材料和施工技术的研究，为海洋设备的制造和安装提供高性价的材料，降低电站建设安装和设备运行成本，延长设备安全运行的寿命周期；充分利用政府规划和政策优势，将海洋可再生能源项目与沿海土地综合整治、城镇建设、旅游开发、农业生产、环境保护等结合起来综合开发，提高项目的综合经济效益；对海洋能源商业化发电项目在项目补足和上网电价方面给予政策支持；探索传统化石能源成本与可再生能源成本自动均衡的机制。

7）根据不同技术成长的成熟程度，有序推进浙江海洋可再生能源商业化进程

面临国际潮汐能产业化时机已逐步成熟的机遇，针对我省潮汐能发电技术成熟，资源丰富的特点，大力发展潮汐能发电、设备制造、工程设计和施工等产业，使潮汐能产业成为浙江省新的经济增长点。针对舟山海流能资源和技术领先优势，扩大国际合作，海流能发电技术的研发与推广应用，在全球形成领先优势，适时推进潮流能产业化发展。针对波浪能小型岸式发电技术已进入世界先进行列，航标灯所用的微型波浪能发电装置已趋商品化的特点，加大在沿海海域航标和大型灯船上推广应用，开展小型化、模块化波浪能发电装置研制，为海洋观测仪器提供长期、稳定能源供给；围绕深海网箱养殖、海洋牧场建设等需求，开发定制化海洋能发电系统，推动波浪能发电设备制造和特殊应用领域发电产业的发展；促进海上风能、太阳能和波浪能互补电站的示范和推广。针对盐差能技术成长尚处在研发期的特点，采取技术先行战略，中期主要是加强技术研发和实验，适时在重点资源优势地区建设实验示范项目，促进其商业化应用研究。

10.6.2 战略重点

1）重点领域

根据海洋可再生能源发电技术特点、国际技术进步状况，我国关于海洋可再生能源开发的规划和要求，结合浙江的自然资源分布、地理特征、技术积累、产业发展需求和社会经济特征，浙江海洋可再生能源技术创新的战略重点领域建议确定为海洋潮汐能、海流能和波浪能。

2）研究开发的重点

根据目前技术进步状况、浙江省技术资源情况和确定的重点战略领域，浙江海洋可再生能源发电研究开发的重点是：潮汐能发电站水库的泥沙淤积和大规模低坝发电的方案解决问题；波浪能发电装置的稳定运行、转换率和发电功率提升问题；海流能发电机的安装和支撑方法、叶片的设计和安装难题；新型发电机组研制、发电设备海水腐蚀、抗台风和解决海洋生物附着问题；盐差能渗透膜技术研发；多能互补发电系统研发；海岛新能源发电并网和微网技术；分布电源对海水淡化系统分级供电技术研发等。

3）组织与管理的重点

建立能协调浙江海洋可再生能源资源、海陆空间资源、城市和产业现状的规划体系和组织保证，为海洋可再生能源资源发电利用提供协调和保证机制。整合促进海洋可再生能源技术创新的资金计划项目，确保重点项目的有序推进。加强项目前期勘察和规划工作，适时适地发展海洋可再生能源。严格成本控制制度，设立风险防范控制机制，科学化解项目风险。

10.6.3 战略目标

在国家和浙江省一系列战略规划指导下，根据海洋可再生能源技术成长阶段、浙江省海洋可再生能源技术创新的基础和现实需求，提出战略目标建议：到 2035 年，将浙江发展成为世界著名的海洋新能源技术研发中心、装备制造基地、海洋能发电产业化推广示范区和海洋能开发综合技术服务中心。

1）海洋新能源技术研发中心

立足浙江省潮汐能、波浪能、潮流能、盐差能的资源优势，以自主研发积累和项目试验示范经验为基础，积极开展广泛的内外合作研究和实验，加强海洋可再生能源发电技术、设备制造和海洋工程方面的研究开发，打造重要的海洋能研究与开发基地，使潮汐能、波浪能、潮流能开发利用在发电关键设备、电站施工、设备安装和维护等方面技术形成完整的商业化解决方案，在全球技术创新中居于前列，其中潮流能形成全球领先优势，积极开展海洋能技术综合服务。

2）海洋可再生能发电装备制造基地

依托浙江海洋可再生能源技术的研发优势和浙江智能制造的产业优势，适时加快海洋可再生能源发电关键技术设备、配套专用设备和成套设备的生产和产业化发展，成为世界海洋可再生能源发电知名的设备供应集聚地。

3）海洋可再生能发电产业化推广示范区

以国家海洋示范和推广基地为依托，在发电技术取得突破的领域，充分利用各方力量，扩大示范推广项目的领域和规模，促进技术的商业化应用，适时大力推进浙江海洋可再生能源开发和产业化进程，使优势资源得到充分和合理利用，使可再生能源发电供给成为海岛及海洋沿岸地区的重要能源，使浙江沿海成为全球知名的海洋可再生能源发电技术学习和推广示范区。

4）海洋能开发综合技术服务中心

围绕浙江领先的技术研发、装备制造和项目示范优势，大力发展海洋能发电技术服务业，为国内外海洋能研发和发电提供一流的信息、安装调试、维修、供应、检测、技术文献、培训等服务。

10.6.4 战略步骤

各种技术领域技术创新成熟程度和发展趋势的差异较大，浙江省各种海洋可再生能源资源禀赋不同，有效的技术创新战略的推进必须有明确的阶段性任务重点，分阶段、有步骤、有重点地推进。结合国家和省级层面的相关战略与规划，本研究将分三个阶段进行分析。

第一阶段（2018—2020）。一是以潮汐能和小型波浪能技术商业化、潮汐能发电产业等为重点推进高新技术产业化进程，在浙西南实质性启动万千瓦级潮汐能电站建设，开工建设温州瓯飞万千瓦级潮汐能电站项目，为规模化开发海洋能资源奠定基础；二是完善海洋能开发利用公共支撑服务平台建设，初步建成舟山海洋能研发示范基地和钱塘江研发基地，完善西南潮汐能实验示范区；三是加强海洋能的综合利用，重点支持兆瓦级潮流能、百千瓦级波浪能示范工程建设，在岱山海域开展大功率机组的潮流能发电实验和大面积推广选址的论证，在温州海域开展波浪能发电的研究开发和示范项目，同时开展小型化、模块化海洋能的能源供给系统研发，争取突破高效转换、高效储能、高可靠设计等瓶颈，形成若干个具备推广应用价值的海洋能综合利用装备产品；四是开展海岛（礁）海洋能独立电力系统示范工程建设。

第二阶段（2021—2025）。一是展开规模化潮汐能资源开发，启动钱塘江低坝潮汐能发电项目，全面开发浙江潮汐能资源，加大潮汐能发电关键设备和成套设备的市场推广。二是加大海洋能开发利用公共支撑服务平台建设力度，将舟山打造成全国著名、世界知名的海洋能研发示范基地，建立和完善钱塘江盐差能研发示范基地。三是加强海洋能综合利用技术研发和商业化推广，重点推进波浪能和潮流能发电项目的规模化商业化应用；小型化、模块化海洋能的能源供给系统突破瓶颈，达到市场化应用水平，海洋能综合利用装备产品形成市场优势。四是加快盐差能发电研发和示范力度，在钱塘江和瓯江建设盐差能示范基地。

第三阶段（2025—2030）。随着潮流能、波浪能和盐差能技术和相关配套系统技术的成熟，海洋能发电的成本逐步具有市场竞争优势，该阶段海洋能技术创新的主要任务是，加大工艺创新和新材料研发力度，不断优化海洋能发电设备和系统的技术性能，促进海洋可再生能产业链的全面发展，实现海洋可再生能源发电的大规模应用，推进海洋可再生能源发电对化石能源的替代，使浙江成为世界著名的海洋可再生能源技术研发中心、综合技术服务中心、装备制造基地和海洋能发电推广示范区。

10.6.5 战略布局

1）海洋可再生能源研发及示范基地布局

（1）舟山国家海洋能示范基地。以舟山独特的潮流能资源和富集而稳定的波浪能资源为条件，以岱山国家潮流能试验场及示范基地、浙江大学海洋学院海流能技术优势、浙江海洋大学波浪能技术优势和国家海洋局第二研究所的工程设计与施工方面的技术优势、浙江省海洋开发研究院资源整合平台优势，打造全国海洋能试验、研发和测试基地，将舟山建成全球知名的海洋新能源技术研发中心和海洋新能源产业化推进示范基地。

（2）钱塘江研发示范基地。以钱塘江的潮汐能和盐差能资源优势为条件，依托杭州的技术和人才优势，建立低坝潮汐能发电和盐差能发电的研发中心和示范基地。

（3）浙西南潮汐能实验示范基地。基地有浙江西南部潮汐能资源优势和现已建成运行30年的江厦电站实践经验，可以率先在温州和台州沿海建立万千瓦级潮汐能发电项目示范基地。

2）海洋能技术商业化推广应用布局

（1）浙西南潮汐能商业化推广基地。在浙江西南沿海推进万千瓦级以上潮汐能商业化电站项目建设。

（2）舟山综合商业化推广基地。在嵊泗东极镇开展海岛多能互补独立电力系统（风电＋光伏发电＋柴电＋潮汐能＋波浪能＋蓄电＋海水淡化）的技术优化商业化运作机制探索；适时在舟山群岛的金塘、龟山、西堠门等水道大力推进万千瓦级潮流能发电项目；适时在嵊泗和岱山等地推广大功率波浪能发电站项目。

（3）杭州商业化推广基地。适时在钱塘江推进低坝大规模潮汐能发电项目建设。

3）产业化布局

（1）杭州技术服务和关键设备产业聚集区。以杭州的教育、研发、设计、装备制造、施工、会展、营销、新材料研发、管理、金融和投资服务优势，大力发展海洋可再生能源发电技术服务业和关键设备，在杭州城西科创大走廊发展技术服务业，在杭州大江东产业集聚区发展潮汐能和海水淡化关键设备产业。

（2）宁波海洋工程装备基地。以宁波北仑海洋装备产业集聚区为依托，适时大力发展海洋可再生能源发电设备、海洋探测设备和发电设备安装的专用设备等产业，建成我国重要的海洋工程装备基地。

（3）舟山海洋能全产业链聚集区。以舟山海洋产业聚集区和国家海洋新能源试验平台为依托，大力展开海洋可再生能源利用技术研发和设备调试，技术成果的推广与转化，促进设计、研发、关键部件制造、发电及海水淡化成套装备输出、工程施工、认证检测、人才培养、运输安装、运行维护、旅游及其他相关服务业产业链的延伸和全面发展。

（4）温州潮汐能产业集聚区。突出民营经济特色，重点发展潮汐能发电、电站设计、施工及设备制造等产业。

10.6.6 战略举措

1）把海洋可再生能源产业作为浙江新一轮大发展的战略性新兴产业来培养

提高浙江省社会各界对海洋可再生能源技术进步状况、浙江加快海洋可再生能源技术创新的优势、对海洋可再生能源产业发展及其对生态环境改善的重要性的认识，通过海洋可再生能源技术创新的大力度推进，率先实现技术的商业化运用，有利于浙江抓住技术先机，充分发挥资源优势，获得新技术产业的突破式发展，成为带动浙江海洋经济和区域经济发展的重要动力，成为浙江新一轮大发展的战略性新兴产业。建议在浙江新的科技规划中，将海流能、波浪能、盐差能的核心技术及重要配套技术列为重点，在产业规划中将海洋可再生能源产业列为战略性新兴产业来培养。

2）加强资源勘查工作，统筹编制《浙江海洋可再生能源发展的中长期规划》

按照国家发改委（全称“国家发展和改革委员会”）发布的《可再生能源发展“十三五”规划》中关于“加强地热能、生物质能、海洋能等新型可再生能源资源勘查工作……及时公布各类可再生能源资源勘查结果，引导和优化项目投资布局”的要求，对浙江海洋可再生能源资源进行系统调查和评估，进一步摸清浙江省各种海洋可再生能源资源量、分布特点及其附近海域和陆地资源占用状况等；评估其可利用程度，合理确定可运用的资源规模，减少利用海洋可再生能源的风险，为海洋可再生能源的开发和利用提供统一而详细的资料。

在此基础上紧密结合国家能源战略和地方区位优势，妥善协调海岸和海岛资源开发利用方案，因地制宜综合考虑资源利用方式，科学规划，制定长期稳定的浙江省海洋可再生能源开发和利用政策。本研究建议制定由浙江省发改委发布《浙江省海洋可再生能源发展的中长期规划（2018—2030)》。

3）加强海洋可再生能源技术创新人才的培养与引进

高质量的人力资源不仅能深度开发和有效利用可再生能源资源，而且能够创造出新的产业空间，因而日益成为各地参与国际竞争、增强综合实力的重要砝码。将海洋可再生能源产业培育为战略性海洋新兴产业，需要大量高科技人才作为坚强的发展后盾，为此加强人才的培养与引进，造就一支具有国内外影响力的海洋能专家队伍是重要的战略举措。

鼓励高校加强海洋能基础学科建设，培养优秀青年科技人才，为海洋能可持续发展提供稳定的人才储备和发展后劲。为此，要加强浙江省海洋类院校、涉海人才队伍、海洋科技创新平台和海洋文化建设，增强科教文化对海洋可再生能源技术创新的支撑引领作用；提升浙江省涉海类院校实力，推进省部合作，优化整合资源，形成学科优势鲜明、科研实力较强的综合性海洋大学；集中力量做大做强涉海院校，提高办学质量，增强院校实力；高质量建设涉海类职业院校，培养海洋应用型人才。

在制定和实施浙江省高校学科建设规划中，支持在浙高校加强海洋能源、海洋工程等学科建设和科学知识的普及教育。对海洋院校，要设立海洋可再生能源资源开发知识的普及课程，在教育部学科目录中的学科专业（海洋技术、能源与动力工程、机械工程、机械设计制造及其自动化、工业设计、过程装备与控制工程、材料科学与工程、复合材料与工程、自动化、土木工程、建筑环境与能源应用工程、港口航道与海岸工程等）要加强海洋能资源、开发技术路径、技术原理、技术创新动态等知识的教学内容；在具备条件的学校设立海洋资源与环境、能源与环境系统工程、新能源科学与工程、海洋工程与技术、海洋资源开发技术、建筑环境与能源应用工程等直接为海洋能源技术创新服务的特色专业，为海洋可再生能源技术创新和产业化培养人才。

鼓励科研机构和企业相应地以优越的条件吸引国内外优秀科技人员到本单位工作，从科研人员素质和水平上提高单位的技术创新实力。对一些高端人才可以采用柔性引进方式，展开合作研究。推动产学研合作研究方式，增强研发单位的创新人才实力。重点推动海洋能技术创新人才的项目考察、国际交流和合作研究，及时广泛地获取技术创新信息，刺激科技人才的创新灵感，增强其创新能力。

强化与国内外优秀高校、科研机构的学科建设合作，扩大国内外研究生联合培养规模，形成海洋能源学科发展制高点。

4）扩大开放，加强国内外合作研究力度

在经济全球化的趋势下，作为直接推动经济增长的科技活动，也要求在全球范围内优化配置资源，提高效率。可再生能源开发利用是当今世界面临的共同问题，海洋可再生能源技术创新的许多科技问题日趋复杂，在规模、成本、风险等方面超出一个国家或一个省的承受能力，需要在世界范围内开展科技合作。目前，大多数沿海洋国家都出台了相关法规和政策，并制定了促进本国海洋可再生能源科技发展的计划与对策，采取对外开放的态度，为跨地区跨国度之间的合作建立了比较宽松的环境。2015 年在土耳其伊斯坦布尔召开的 G20 首届能源部长会议批准的“G20 可再生能源发展自愿选择工具箱”，致力于在全球范围内加速可再生能源的利用。海洋可再生能源技术创新的国际合作环境相比其他战略性高新技术而言要优越得多。

扩大开放，立足浙江的资源优势，以浙江海洋可再生能源发电研发示范重点基地为依托，以公共创新平台或商业化应用企业为主体，按照合作研究，成果共享的原则，广泛吸收国内外机构、高校、企业和个人参与展开合作研究和项目试验，促进国际国内技术信息资源与优势自然资源的有效配置和充分利用，迅速提高浙江的技术创新能力。

加强国际合作和技术转让，引进、消化吸收和再创新可再生能源先进技术，培育一批具有自主知识产权的装备制造和系统集成应用企业，促进可再生能源产业的形成和集聚，积极引导浙江省企业“走出去”，与国外企业开展合作和贸易，共同开发利用可再生能源，促进浙江省可再生能源技术创新成果的转化和产业化发展。合作国家可以在资金、设备和人力资源等方面优势互补，相互学习对方国家的长处，促进合作双方科技水平的提升，增强国家科技实力。

支持国家级科研机构在浙江设立海洋科研基地，吸引一批境外高等科研院所到浙江落户或参与研发。对于可再生能源发电技术创新的公共性技术和瓶颈，确立公开性研究课题，以公共创新平台为主体，集中全国的技术力量，吸收国外高水平科学家参与，推动不同形式的合作研究，进行联合攻关，促进关键技术的突破。

10.7 建立健全海洋可再生能源技术创新的长效机制

10.7.1 海洋可再生能源技术创新的投入机制

海洋可再生能源技术创新是一种投入相对较高、见效却相对较慢的技术创新活动，目前大多技术处在技术成长阶段，企业资金参与度低，资金投入成为技术创新第一要素，为确保海洋可再生能源技术创新的有效和卓越地推进，必须要有财政资金的支持。对技术成熟的海洋能资源大规模示范和新成果的推广，也是一种高投入、投资回收期长的项目，除需要加大财政资金投入外，还必须调动银行、投资基金和企业的投融资积极性，共同构建和完善海洋可再生能源技术创新的投入机制。提出的针对性建议如下。

1）建立对海洋可再生能源技术创新和发展的专项财政投入机制

加大省财政关于科学和技术创新的财政投入，扩大浙江省可再生能源专项基金的规模，将海洋可再生能源技术创新示范推广项目确立为优先投资主体，从全省范围内控制用于海洋可再生能源开发利用的比例和规模。针对浙江省可再生能源专项基金设计面广、分布均衡的特点，考虑到海洋可再生能源技术创新的资金投入较大，主要集中在沿海区域的特点，建议由省财政局和海洋渔业局共同发起，由海洋渔业局负责实施的浙江省海洋可再生能源（涵盖海上风能、太阳能、潮汐能、海流能、波浪能、海洋盐差能、海洋生物质能等）创新与发展专项基金，为浙江海洋可再生能源技术研发和项目示范提供必要的资金保证，为海洋可再生能源技术产业化发展提供导向性投入。在浙江省自然基金和浙江省科技计划基金中将海洋可再生能源设为优先资助主体，加大对海洋可再生能源利用关键技术和共性问题研究的投入力度。

2）形成省基金与国家基金合作配合的科技投入机制

浙江省自然基金、浙江省科技计划基金、浙江省海洋可再生能源发展基金（建议设立）的管理主体应主动加强与国家自然基金、国家高技术研究发展计划（“863”计划）专项基金、国家海洋渔业局海洋可再生能源发展基金管理主体的沟通，提供浙江省海洋可再生能源技术创新基础信息和进一步加强研究和推广的诉求，积极组织和帮助各大研究机构和研发型企业申报国家项目，在国家层面争取资金投入。

3）建立政府融资和私人融资有机结合的投入机制

针对技术成熟、产业化加速推进的创新领域，在加强项目科学论证、综合开发和风险防范的基础上，对重点项目建立政府担保，银行提供长期贷款的融资机制，吸引国内外银行、产业投资基金和实力企业的广泛参与。在项目运作上，采取股份制，设立创新型主体企业，吸引风险投资基金的广泛参与。

10.7.2 海洋可再生能源技术创新的激励机制

1）建立的健全科技人员激励机制

技术研发中科研人员起着决定性作用，发挥科技创新人员的主动性和积极性，只靠约束是难以奏效的，目前科技项目资金使用都存在管理体制僵化问题，管理机制的僵化导致科研经费积压不能正常使用，而且还给项目负责人带来经费使用的制度风险，既影响科技研发效果，更影响创新研究人员的积极性和创造性。为此，建议针对科技工作者劳动的特殊性，科技研发项目经费管理宜采取弹性的管理体制，即“重成果轻过程”的管理，对达到预研目标的项目结余资金准予按比例奖励给研究团队，由项目负责人分配。对项目研发以单位名义申报取得的技术专利，允许研究人员按一定比例享有专利成果带来的收益。

2）建立市场资本投入激励机制

目前海洋可再生能源示范和推广项目投资大、周期长、运行成本高，单纯发电项目单位发电成本高，严重影响了资方的投资意愿，因此可再生能源项目技术相对成熟项目的商业化推广，必须建立资方有利可图的激励机制。基于此，建议效仿风电、光伏发电支持政策，研究制定安装容量的财政补贴政策；在技术推广应用早期根据项目的特殊性制定适合具体项目的上网电价政策，在技术走向成熟，普遍商业化推广时，建立行业竞标确定上网电价的政策；针对国家发改委、财政部和国家能源局拟从2017年在全国范围内试行可再生能源绿色电力证书核发和自愿认购的试点工作，加快推进浙江省可再生能源证书核发、认购和交易制度的试点；建立可再生能源立项与土地资源、相关产业综合开发相结合的开发模式，提高海洋可再生能源项目的经济效益，形成对市场资金具有吸引力的激励机制。

10.7.3 海洋可再生能源的消纳保障机制

近年来我国可再生能源发电发展迅速，但西南基地弃水和“三北”基地弃风、弃光问题仍然比较严重，其中一个重要原因就是就地消纳能力有限，对于消费市场在哪儿、怎么入网、如何消纳等问题考虑不足。浙江省虽然本地能源需求旺盛，电力供应对外地依赖度高，但其本地供需差额并不能简单地转化为可再生能源发电的消纳能力，这需要一定的机制保障。

1）发展分布式供电系统，实现海岛发电本地消纳机制

目前海洋能发电场建设与运行的成本都比较高，但若能在海岛开发和海洋经济发展中就地消纳，则可减少巨额输变电投资和运输中的能量损失，这是具有合理经济效益的选择。为此在海岛能源供给体系建设中，应建立多能互补发电系统，发展海岛新能源发电并网和微网技术，形成分布式电源供应体系，实现海洋能发电的就地消纳。

2）推广普及智能化的海洋供需获得的电力技术系统

针对海洋能发电具有不稳定性特点，随着可再生能源发电并网比例的持续增加以及电力系统的供需双侧随机性特征会更加明显的问题，推广和普及智能电网，建立涵盖多能源互补与源网协同技术、柔性输送电技术、主动配电网技术等适合新能源上网的电力系统，平抑系统双侧随机性，从技术提高海洋能发电的供给和需求的可获得性，为可再生能源发电消纳提供技术保障。这要求电力系统在结构形态、运行控制方式、规划建设与管理等方面发生根本性变革。

3）建立碳信用额度和交易机制

虽然国家电力监管委员会2007年颁发的《电网企业全额收购可再生能源电量监管办法》，也适合于海洋能发电，但是发电企业持续运行，不仅取决于能否入网，更主要取决于是否存在合理的经济效益。目前海洋可再生能源的成本还不能跟传统能源比较，一定的财政、土地和优惠上网电价以及发电补贴政策支持尚难以完全缩小其与传统能源成本的差距，另外这些政策也非长期的政策。基于此，本研究认为，应借鉴国外碳信用额度和交易制度，化石能源企业成为碳信用的消耗者，可再生能源企业成为碳信用的提供者，再通过总额度控制、信用额交易等制度建设，通过交易形成的碳额度的匹配，把清洁能源与传统能源的价值关系反映出来，提高海洋可再生能源发电的经济效益，促使可再生能源进入市场消纳。建议结合国家可再生能源绿色电力证书核发和自愿认购的试点工作逐步建立。

10.7.4 海洋可再生能源开发投资的风险化解机制

海洋可再生能源技术创新进入项目推广和商业化应用阶段，项目开发规模往往会迅速扩大，投资大，周期长，情况复杂，都会加大项目的风险。因此，要确保投资回报，吸引市场资金的投入，必须建立相应的风险化解机制。

1）健全项目立项的科学论证和决策机制

项目论证主体要由专业的机构担当，并吸收国内外一流的同行专家的咨询意见，在深入调查和专家分析的基础上，广泛吸收社会各界的建议，从技术可靠、经济可行、环境允许等方面展开全面评价，并展开充分的不确定性和风险分析，形成充分的立项依据以后，再经过民主决策程序进行决策，将项目的风险控制在可控范围以内。

2）建立银行提供长期贷款的融资机制

目前潮汐能发电技术成熟，规模效益显著，随着开发项目规模的扩大，其经济效益会显著提高，另外，虽然一次性投入较大，回收期比较长，但电站运行周期长，若能获得银行长期贷款的支持，项目现金流就会大大改善，从完全寿命周期观察其经济效益是可以接受的。但由于项目投资巨大，又处于产业发展的成长期，银行往往会过高地估计项目的风险，降低了提供长期融资意愿。这就迫切需要发挥政府在项目论证和宏观环境认识的优势，为项目提供担保，建立银行提供长期贷款的融资机制，化解项目短期现金流不足的风险。

3）健全风险转移和分散机制

随着技术的逐步成熟，海洋可再生能源发电新设备的研发、设备制造、项目施工和技术服务必将成为新的经济增长点，在此阶段机遇与风险并存。在此阶段，充分发挥科技研发人员的技术优势，建立有利于科技人员技术入股、专利入股、提供技术服务的社会环境，加快企业引入风险投资服务和激励，促进企业家、技术人员和风险资本的结合，实现项目风险向风险投资经济转移的机制。通过建立培养创新型企业上市融资的机制，促进企业上市融资，建立风险资本推出和项目风险分散机制。

4）建立发电项目与土地综合开发相结合的项目运作机制

单纯的发电项目成本比较高，从山海潮汐能站运行的经验来看，发电项目与土地综合开发是提高整体项目经济效益的有效方法，可以大大降低可再生能源发电项目的运作风险，这需要能源部门、海洋管理部门和土地管理部门的合作推进。

10.7.5 海洋可再生能源技术创新成果产业化的保障机制

科学用地用海是海洋可再生能源技术创新成果转化为实际运用的基础，是提高项目运作经济效益的重要条件，为此，需要建立相应的保障机制。

1）增强规划的约束机制

要提高土地利用总体规划的刚性约束作用，按照土地利用总体规划，科学控制沿海和有居民海岛建设用地规模和开发强度，根据长远海洋可再生能源开发需要，优化用地方式及空间布局。提高海域管理手段的宏观调控作用，确保可再生能源用海与其他产业用海之间的协调。完善和严格实施海洋功能区划制度，切实提高区划的权威性和约束性，加强围填海项目的审批和监督管理。对海洋可再生能源开发重大项目，优先安排土地供应和围填海计划指标。

2）建立政府资源收储制度

针对农村宅基地闲置的状况，在尊重农民意愿基础上，建立农村闲置宅基地收储制度，优化用地结构。建立政府主导的海域资源储备机制，将使用权到期海域收回储备，将分散闲置的海域进行置换规整。开展凭海域使用权证书按程序办理项目建设手续试点，做好海域使用管理与土地管理的衔接工作。

3）建立健全资源配置机制

建立海洋可再生能源重大建设项目补充耕地统筹办法和耕地占补平衡市场化方式，完善耕地和基本农田保护补偿机制，保障重点产业项目用地。结合海洋能重大项目，加大土地整治力度，加快推进农村土地综合整治和利用示范建设。推进海域资源市场化配置进程，完善海域使用权招拍挂制度，建立健全海域资源市场化配置机制，发挥经济杠杆作用，提高用海特别是围填海成本，形成集约用海机制，为未来可再生能源开发留足空间。

4）完善海域动态检测机制

继续推进海域动态监视监测系统的业务化运行，以卫星遥感、航空遥感为重点，结合现场监视监测，对区域用海规划实施情况及围填海项目建设过程实施动态监测，推动海域管理从静态管理向动态管理转变，为规划用海提供保障。

5）健全依法管理资源的机制

以《中华人民共和国土地管理法》和《中华人民共和国海域使用管理法》为准绳，不断完善土地和海域管理制度体系，严格执行资源管理法律法规和政策，结合浙江省的具体特点，制定符合浙江实际的土地和海域使用管理的实施细则。依法审批用地用海，做到有法可依，有法必依，严格实行行政责任追究制度。

附录：海洋可再生能源发展“十三五”规划

国家海洋局　2016 年 12 月 30 日

海洋可再生能源（以下简称“海洋能”）是可再生能源的重要组成部分。为提高海洋能开发利用能力，推进海洋能技术产业化，拓展蓝色经济空间，根据《中华人民共和国国民经济和社会发展第十三个五年规划纲要》、《“十三五”国家战略性新兴产业发展规划》、《可再生能源发展“十三五”规划》和涉海有关规划，制订《海洋可再生能源发展“十三五”规划》（以下简称“《规划》”），指导“十三五”时期我国海洋能发展。《规划》所指海洋能包括海洋潮汐能、潮流能、波浪能、温差能、盐差能、生物质能和海岛可再生能源等。《规划》期限为 2016 年至 2020 年。

一、发展现状与形势需求

（一）发展基础

“十二五”时期，我国海洋能发展迅速，整体水平显著提升，进入了从装备开发到应用示范的发展阶段。基本摸清了海洋能资源总量和分布状况，完成了重点开发区潮汐能、潮流能、波浪能资源评估及选划。自主研发了 50 余项海洋能新技术、新装置，多种装置走出实验室进行了海上验证，向装备化、实用化发展，部分技术达到了国际先进水平，我国成为世界上为数不多的掌握规模化开发利用海洋能技术的国家之一。4.1 兆瓦的江厦潮汐试验电站已稳定运行三十多年，3.4 兆瓦模块化大型潮流能发电系统的首套 1 兆瓦机组实现下海并网发电，100 千瓦鹰式波浪能发电装置和 60 千瓦半直驱式水平轴潮流能发电装置累计发电量均超过 3 万度，在建海洋能项目总装机规模超过 10 000 千瓦。海洋能试验场相继启动选址、设计和建设，以山东海洋能研究试验区、浙江潮流能示范区、广东波浪能示范区为核心的海洋能发展区域布局初现雏形。一批企业进军海洋能行业，产学研紧密结合的海洋能开发队伍初步形成。我国加入了国际能源署海洋能源系统实施协议，并与多个国家签订海洋能开发合作协议，海洋能领域国际影响力显著提升。

（二）形势与需求

国际社会对保障能源安全、保护生态环境、应对气候变化等问题日益重视，加快开发利用海洋能已成为世界沿海国家和地区的普遍共识和一致行动，沿海国家和地区更加重视海洋能发展，纷纷通过制定中长期发展路线图，布局和推动海洋能发展，提供多元化资金支持，出台针对性强的激励政策，建设海洋能研究中心、海上试验场等公共平台等多种方式支持海洋能发展。海洋能技术正向高效、可靠、低成本、模块化及环境友好等方向发展，海洋能利用规模化和商业化趋势越发明显。潮汐能技术已经商业化应用，世界最大的潮汐电站已建成投产，新型潮汐潟湖电站立项启动；潮流能技术基本成熟，单机功率已达 1 兆瓦，百兆瓦级潮流能发电场立项启动；波浪能技术种类较多，部分百千瓦级波浪能发电装置基本完成海上测试及示范运行，兆瓦级装置正在加紧研发；温差能技术研发开始升温，50 千瓦温差能电站实现并网运行，正在推进 10 兆瓦温差能项目。国际海洋能产业初现雏形，越来越多国际知名企业进军海洋能产业，海洋能产业化进程正不断加快。海洋能将成为未来能源供给的重要组成部分和未来海洋经济的重要增长点。

我国海洋能资源丰富，岛屿众多，具备规模化开发利用海洋能的条件。海洋强国、生态文明建设等国家战略和“一带一路”倡议的提出，为海洋能发展带来了前所未有的历史机遇。《国民经济和社会发展第十三个五年规划纲要》将发展可再生能源作为推动能源结构优化升级的重点，并提出“积极开发沿海潮汐能资源”。《“十三五”国家战略性新兴产业发展规划》将海洋能作为重要支持方向。海洋能产业作为战略性新兴产业，具有产业链条长、带动性强等特点，在国家良好的可再生能源产业政策支持下，各地和企业开发海洋能的热情持续高涨，智能电网、独立供电等技术的长足发展也为海洋能产业发展奠定了坚实基础。因此，大力发展海洋能既是优化能源结构、拓展蓝色经济空间的战略需要，也是开发利用海洋和海岛、维护海洋权益、建设生态文明的重要选择。但我国海洋能发展仍然面临工程示范规模偏小、技术成熟度不高、创新能力不强、公共平台服务能力不足、产业链尚未形成、政策环境有待完善等问题。必须抓住宝贵的发展机遇，主动作为，突破商业化应用瓶颈，实现海洋能跨越式发展。

二、指导思想和主要目标

（一）指导思想

全面贯彻党的十八大和十八届三中、四中、五中、六中全会精神，落实“创新、协调、绿色、开放、共享”发展理念，按照优化能源结构、拓展蓝色经济空间、促进生态文明建设的要求，坚持自主创新，以显著提高海洋能装备技术成熟度为主线，着力推进海洋能工程化应用，夯实海洋能发展基础，实现海洋能装备从“能发电”向“稳定发电”转变，务求在海上开发活动电能保障方面取得实效，加速我国海洋能商业化进程。

（二）基本原则

坚持需求牵引。围绕沿海地区经济社会发展，以服务海岛开发、海洋产业转型升级、海洋权益维护等需求为导向，突出因地制宜、海能海用，加快推进海上供电技术研究及开发应用。

坚持创新引领。突破规模化应用技术瓶颈，强化工程示范带动，推进海洋能技术从原理创新向工程化应用转变。积极引进国外海洋能先进技术，实现本地化制造生产，缩小与国外先进水平的差距。积极发挥海上试验场的技术支撑服务作用，显著提高海洋能发电装备技术成熟度。积极研发新技术、新装置，为海洋能可持续发展做好技术储备。

坚持企业主体。进一步密切产学研合作，推进企业作为技术成果转化的主体，充分发挥企业在能源开发、装备制造、海洋工程等领域的优势。培育龙头骨干企业和专业化中小企业，推进形成涵盖设计、制造、施工、运维等全链条的海洋能产业链。

坚持国际视野。主动融入全球海洋能创新与应用网络，共享全球创新资源和市场。立足我国海洋能技术与产业优势，加强海洋能技术“引进来”和“走出去”，强化国际交流合作，形成多层次、宽领域、高水平的海洋能技术和产业合作态势。

（三）主要目标

到2020年，海洋能开发利用水平显著提升，科技创新能力大幅提高，核心技术装备实现稳定发电，形成一批高效、稳定、可靠的技术装备产品，工程化应用初具规模，一批骨干企业逐步壮大，产业链条基本形成，标准体系初步建立，适时建设国家海洋能试验场，建设兆瓦级潮流能并网示范基地及500千瓦级波浪能示范基地，启动万千瓦级潮汐能示范工程建设，全国海洋能总装机规模超过50 000千瓦，建设5个以上海岛海洋能与风能、太阳能等可再生能源多能互补独立电力系统，拓展海洋能应用领域，扩大各类海洋能装置生产规模，海洋能开发利用水平步入国际先进行列。

（四）发展布局

依据我国海洋能资源分布特点及海洋能开发利用基础，布局一批海洋能重点发展区域，完善配套平台建设，引导研发、设计、示范、测试、施工、运维等海洋能开发上下游相关机构向区域集聚发展，逐步构建适于推进规模化应用的海洋能发展新格局。

渤黄海海域：充分发挥本地区海洋科技资源实力雄厚的优势，结合多种海洋能资源兼顾的特点，集聚科技创新要素，优化技术服务环境，加快海洋能测试服务及创新设计企业孵化，建设海洋能创新、设计及服务产业示范区。

东海海域：充分发挥本地区潮汐、潮流能资源丰富及技术研发和产业化优势，结合地区科技创新和海洋战略，优化产业发展环境，促进潮汐、潮流能开发、测试服务及装备制造企业孵化，建设潮汐、潮流能产业示范区。

南海海域：充分发挥本地区波浪能、温差能资源丰富及技术研发和产业化优势，结合地区科技创新、海洋战略及维权需求，优化产业发展环境，促进海洋能开发、装备制造及测试服务企业孵化，建设海洋能产业示范区。

沿海海岛：立足我国海岛资源状况及能源供给保障需求，结合“生态岛礁”工程，因地制宜、多能互补开发海洋能，加强海洋能技术推广应用，在辽宁、山东、浙江、福建、广东、海南等地建设多个海岛示范区。

三、重点任务

（一）推进海洋能工程化应用

开发高效、稳定、可靠的海洋能技术装备，按照工程设计、制造、运维等要求，开展一批海洋能示范工程建设，提高稳定发电能力，推动在海岛供电、海水养殖、海洋仪器供电等领域的实际应用，提升海洋能工程化应用水平。

1. 推进装备产品化

以提高海洋能装置转换效率，降低建造和运行成本，提升可靠性、稳定性及可维护性为重点，突破新材料、新工艺、防腐防生物附着等共性技术瓶颈，提高恶劣海况下生存能力，优化设计，建立产品化标准体系，提高我国海洋能装备开发制造水平。开展潮流能机组整机、叶片、高可靠传动、水下密封、安装基础等技术优化，重点开发300～1 000千瓦模块化、系列化潮流能装备。开展波浪能装备整机、能量捕获、动力输出、锚泊系统等技术优化，重点开发50～100千瓦模块化、系列化波浪能装备。开展万千瓦级低水头大容量潮汐能发电机组设计及制造，形成具备国际市场竞争能力的潮汐能装备。

2. 扩大工程示范规模

积极开发沿海潮汐能资源。优先支持已有一定工作基础的优良站址的潮汐能电站建设项目，推动万千瓦级潮汐能示范电站建设；推动潟湖式、动态潮汐能技术等环境友好型新型潮汐能技术工程示范；开展具备综合利用前景的潮汐能综合开发示范工程建设。力争启动1~2个万千瓦级潮汐能示范工程建设，完成1~3个新型潮汐能技术及综合利用示范工程建设。潮汐能总装机规模突破30 000千瓦。

大力推进潮流能示范工程建设。进一步实施潮流能示范工程，建设兆瓦级潮流能并网示范工程；积极推进多种形式的单机300千瓦以上潮流能发电机组应用，在潮流能试验场等开展示范运行；开展小单机容量、多台（套）潮流能阵列化发电场建设与示范，稳步推进百千瓦级潮流能独立供电示范工程及应用，为近海岛屿提供能源解决方案。潮流能总装机规模突破10 000千瓦。

稳步推进波浪能示范工程建设。进一步实施波浪能示范工程，建设总装机容量500千瓦波浪能示范工程；积极推进多种形式的单机50千瓦以上波浪能发电装置应用，在波浪能试验场等开展示范运行；开展小单机容量、多台套波浪能阵列化发电场建设与示范，稳步推进百千瓦级波浪能独立供电示范工程及应用，为近海岛屿提供能源解决方案。波浪能总装机规模突破1 000千瓦。

3. 拓展应用领域

针对海洋观测仪器能源供给需求，开展小型化、模块化海洋能发电装置研制，为海洋观测仪器提供长期、稳定能源供给；围绕深海网箱养殖、海洋牧场建设等需求，开发定制化海洋能发电系统；针对南海开发及其资源环境特点，开展波浪能供电以及温差能发电、制冷、制淡等综合利用平台研发。实现生产及应用各类海洋能装置突破1 000台套。

专栏1 “十三五”海洋能发展重点示范工程

万千瓦级潮汐能示范工程建设。在浙江、福建等地区，优选已有一定前期工作基础的潮汐能站址，开展万千瓦级潮汐能示范工程建设。

浙江舟山潮流能并网示范基地建设。在浙江地区，以潮流能示范工程为核心，开展潮流能并网示范基地建设，具备兆瓦级潮流能机组并网示范能力，年发电量不少于100万千瓦时。

广东万山波浪能示范基地建设。在广东地区，以波浪能示范工程为核心，开展波浪能示范基地建设，具备总装机500千瓦波浪能装备示范运行能力，年发电量不少于50万千瓦时。

（二）积极利用海岛可再生能源

加强成熟海洋能技术在海岛地区和极区的推广应用，鼓励《全国海岛保护规划》重点支持的边远海岛和符合条件的近岸海岛实施海岛多能互补示范工程，为海岛居民生活生产、海岛资源保护和海洋权益维护提供能源供给。加强海岛可再生能源建设项目生态环境影响评估。

1. 开展海岛可再生能源评估

立足我国海岛可再生能源资源状况及能源供给保障需求，开展海岛可再生能源资源调查与评估，建立资源潜在开发量和技术开发量空间分析方法。开展多能互补电站微观选址、海岛遮挡影响评估及环境对电站发电效率影响评估等关键技术研究，形成海岛可再生能源精细化评估体系，建设海岛可再生能源开发利用信息平台，为海岛开发提供技术保障。

2. 发展适应海岛环境的技术及装备

结合海岛特殊的自然环境，开发百千瓦级模块化波浪能、潮流能、风能和太阳能发电装备，攻克独立微网系统实时优化调度、耐受海岛环境的微网设备等关键技术，为海岛可再生能源开发提供技术保障。

3. 开展海岛可再生能源多能互补示范

结合“生态岛礁”工程，优选5个以上海岛，开展海岛可再生能源开发利用示范工作，建设多能互补示范电站，结合电站的建设，积累海岛可再生能源独立电力系统运营管理经验，探索海岛可再生能源的开发利用模式，为海岛可再生能源的规模化开发打下基础。

专栏2　“十三五”海岛可再生能源多能互补示范工程
海岛多能互补示范工程建设。在山东、浙江、福建、广东、海南等地区，优选已有一定前期工作基础的海岛，建设5个以上海岛可再生能源多能互补独立微网系统示范工程，具备为海岛提供持续、稳定电力的能力。

（三）实施海洋能科技创新发展

以“上规模、提效率”为目标，进一步夯实海洋能技术研究基础，加强海洋能原始创新，发展适合我国海洋能资源特点的高效能量转换新技术、新方法，为海洋能持续快速发展提供科技支撑和发展后劲。

1. 强化基础研究

进一步发展海洋能资源评估方法和模式，完善海洋能形成机理、资源评价、预报分析、选址设计、环境影响评估理论体系，提高海洋能资源精细化评估水平，为海洋能电站建设提供设计基础。

发展低能流密度资源条件下的高效转换新技术、新方法，重点研发原创性的海洋能发电装置及关键部件；探索温差能、盐差能等海洋能发电及综合利用机理，研发相应的发电原理样机。

发展自主创新的海洋能发电装置实验室仿真技术方法，提升海洋能发电装置设计水平。加强海洋能发电装置海上测试方法及运行状态健康监测技术研究，建立并完善测试评价理论，形成相关测试标准与软件。

2. 推动关键技术创新

发展大功率潮流能发电技术，研发单机500千瓦潮流能机组，掌握高效叶片翼形设计、变桨变速控制、双向转换利用等关键技术，为发展大型潮流能机组奠定基础。

开展新一代波浪能发电技术研究，研制单机100千瓦波浪能发电装置，掌握高效能量俘获系统及能量转换系统、恶劣海况下生产保障、锚泊等关键技术，提高系统的冗余度与安全性，为波浪能发电场建设提供有效支撑。

突破50千瓦温差能发电及综合利用关键技术，掌握高效热力循环、低温工质透平、深层冷海水管道敷设、深层冷海水热法淡化与冷站、集成与控制等关键技术，为南海温差能开发利用奠定基础。

突破优良海洋藻种的规模化获取和高效培育关键技术，研究海洋藻类等能源植物的高效、低成本能源化转化利用技术与工艺，为规模化开发海洋生物质能奠定基础。

研发深海漂浮式风电机组，探索海上风电和波浪能、潮流能等综合利用，掌握远距离深水大型海上风电场设计、建设及运维等关键技术，推进深海风电发展。

专栏3 “十三五”海洋能技术发展重点

潮流能技术。单机500千瓦潮流能机组，总体转换效率不低于41%，整机无故障运行时间不低于4 000 h。

波浪能技术。单机100千瓦波浪能发电装置，总体转换效率不低于25%，整机无故障运行时间不低于2 000 h。

温差能技术。50千瓦温差能综合利用技术，热力循环效率在温差20℃时达到3.3%，涡轮机效率达85%，系统连续运行时间不少于750 h。

3. 构建技术创新体系

充分发挥企业在海洋能技术创新体系中的主体地位，引导各类创新要素向企业集聚，鼓励建设海洋能国家工程技术研究开发中心和企业技术中心，全面提升企业创新动力，增强海洋能企业可持续发展能力，培育一批海洋能龙头骨干企业和专业化中小企业。依托具有创新优势的高校、科研院所和企业，创建海洋能国家重点实验室和国家工程实验室。

推进政产学研用创紧密结合，构筑海洋能科技创新服务平台。推进建立海洋可再生能源产业联盟，充分发挥海洋能学会、协会及产业联盟等社会组织在促进技术创新和产业发展中的作用，深化产学研用创、上中下游、大中小企业的紧密合作，促进海洋能产业链和创新链的深度融合。鼓励海洋创新创业孵化平台、产业基地园区支持海洋能技术转化和装备产业化。

（四）夯实海洋能发展基础

在海洋能资源普查及部分重点区资源详查的基础上，进一步开展海洋能资源精细化调查与评估，加快海洋能公共服务平台建设，健全海洋能开发利用标准体系，夯实我国海洋能发展基础。

1. 开展南海及海岛区域资源评估

针对南海海洋能资源开发的需求，结合遥感资料、海洋站实测资料、数值模拟等多种手段，开展波浪能、温差能和风能资源评估和选划工作，摸清南海海洋能资源基本现状；重点开展七个海岛的海洋能资源现场勘察与评估工作，为海洋能电站设计提供依据。

根据渤、黄、东海海区海岛开发的需要，选择部分优先开发的海岛，开展海洋能资源现场勘察和评估工作，研究海洋能电站对周边海洋环境的影响，为海岛海洋能规模化开发利用提供服务。

2. 加快建设公共服务平台

针对海洋能装备试验验证、工程设计、装备制造、海上测试、海上施工及运维等需求，建设海上试验、实验室模拟、资源数据平台相结合的国家海洋能公共服务平台，适时建设国家海洋能试验场，支撑海洋能技术工程化应用。

3. 加强标准体系建设

健全海洋能开发利用标准体系，统筹推进海洋能技术、标准、产业协同创新。开展海洋能资源勘查和电站选址，海洋能转换设备设计与制造，海洋能发电装置室内及海上试验与测试、海上施工及运行维护等标准制定。鼓励制定海洋能团体和企业标准。利用海上试验场和海洋环境模拟实验室建立海洋能标准验证平台。推进国际标准向国内标准转化，支持我国企业、联盟和社会团体参与和主导国际海洋能标准研制，推动中国海洋能标准走出去。参照国内外可再生能源检测认证体系，逐步建立我国海洋能发电装置检测认证体系。

（五）加强海洋能开放合作发展

积极引入全球创新资源，鼓励技术引进与合作开发，促进引进消化吸收再创新，构建国际合作新机制。

1. 积极参与国际事务

深度融入国际能源署海洋能源系统实施协议（IEA OES – IA）、国际电工委员会海洋能转换设备技术委员会（IEC TC114）、国际可再生能源署（IRENA）等国际组织，依托国际海洋能大会（ICOE）、亚洲波浪能和潮流能大会（AWTEC）和上海国际海洋技术与工程设备展览会（OI China）等国际会议和展会平台，强化国际务实合作。支持在中国举办具有重要影响的国际会议。积极参与国际海洋能事务，开展国际海洋能技术路线图、开放水域测试、规模化应用、发电成本、环境影响、政策许可及国际标准等热点问题研究，借鉴国际海洋能发展经验，不断提升我国海洋能发展水平。

2. 持续引进全球创新资源

鼓励海洋能领域的技术引进与合作研发，促进引进消化吸收再创新。支持企业和科研机构参加国际合作计划，鼓励国内机构与国外先进研发团队、跨国公司开展多方位合作研发，联合承揽海洋能工程项目，推进国际合作基地、联盟、中心、联合实验室等建设，鼓励国内企业跨境并购及外商投资我国海洋能产业。支持海外高层次人才来华工作和创业。

3. 服务“一带一路”建设

借助丝路基金、中国—东盟海上合作基金等项目，加强与21世纪海上丝绸之路沿线国家的海洋能沟通交流与务实合作。鼓励联合开展资源调查评估，开放和共享海洋能公共服务平台，启动人才联合培训计划。积极与相关国家地区开展合作开发与应用示范，推动国内和国外企业共同开拓国际市场，支持海洋能技术“走出去”。

4、强化规划实施保障

进一步统筹各方面力量，加强规划的组织与实施，建立多元投入保障体系，加强人才队伍建设，强化舆论宣传引导，营造推进海洋能发展的良好政策环境。

（一）加强规划组织与实施

国家海洋行政主管部门加强与发改、科技、财政、国土、能源等有关部门的协调，推动规划实施，编制年度海洋能进展报告，开展规划实施中期评估和期末总结评估。鼓励沿海各级地方政府先行先试，为海洋能项目用海、用地、并网等提供政策保障。各级海洋行政主管部门应将海洋能开发利用作为重要内容纳入沿海各级海洋功能区划，并根据本地区实际情况制订海洋能开发利用规划。

（二）探索建立多元化投入机制

充分发挥海洋能专项资金和国家科技计划等国家财政资金在推进技术创新、提升公共服务能力、加强示范应用等方面的支撑引领作用，保持持续、稳定的投入。各级地方海洋行政主管部门根据实际情况，积极争取本级财政预算支持，加大地方资金投入。鼓励创新金融支持方式，拓宽融资渠道，综合运用资金补助、创业投资、风险补偿、贷款贴息等多种方式，充分发挥财政资金的杠杆作用，引导金融资金和民间资本进入海洋能领域，建立多元化、多渠道、多层次的海洋能资金投入机制。

（三）营造良好的产业发展环境

加强电力消纳、电价补贴、税收优惠、引进技术的消化吸收再创新等政策研究，制订促进海洋能产业发展指导意见，鼓励地方出台电价补贴、用海用地优惠等政策，形成目标一致、上下联动、协调配合的政策合力，促进海洋能技术和装备的规模化应用，推动海洋能纳入国家新能源产业政策体系。加大宣传普及力度，提高公众意识，建立科技成果信息发布机制，加强知识产权创造、运用、管理、保护和服务，加大对科研人员转化科研成果的激励力度，促进技术、人才等创新要素的自由流动和优化配置。营造促进“大众创业、万众创新”的海洋能产业发展新环境。

（四）加快培养专业人才

加大高层次人才引进力度，加快海洋能技术创新领军人才和复合型人才培养，造就一支具有国内外影响力的海洋能专家队伍。加大岗位技能培训力度，培养工匠精神，大力建设海洋能创新团队，努力培育集科学研究、工程技术、科技管理、科技创业于一体的科技人才队伍。鼓励高校加强海洋能基础学科建设，培养优秀青年科技人才，为海洋能可持续发展提供稳定的人才储备和发展后劲。建立鼓励创新、包容失败、分类评价的海洋能创新人才评价机制。

参考文献

程永明，2012. 野田内阁的能源对策及日本能源利用展望［J］. 现代日本经济，(2)：11 - 17.

丁娟，刘元艳，2013. 英国海洋可再生能源产业发展现状及政策借鉴［J］. 海洋经济，3 (3)：51 - 58，64.

付饶，刘佳. 日本：可再生能源发展潜力巨大［N］. 中国海洋报 2013 - 09 - 05 (02).

高艳波等，2011. 海洋可再生能源技术发展现状及对策建议［J］. 可再生能源，(2)：157 - 161.

顾永强，陈晋峰，2011. 波浪能商业化需解三大难题［J］. 中国石化，(11)：28 - 29.

顾永强，陈晋峰，2012. 波浪能走向商业化应用前景可期［J］. 宁波节能，(2)：30 - 33.

国家海洋技术中心，2014. 中国海洋能技术进展［M］. 北京：海洋出版社.

国家海洋局第一研究所，1997. 中国沿岸海洋水文气象概况［M］. 北京：科学出版社.

韩家新，2015. 中国近海海洋可再生能源［M］. 北京：海洋出版社.

胡云鹤，2013. 澳大利亚波浪能新技术的应用［J］. 水利水电快报，(6)：23 - 24.

黄军辉，2010. 浅析潮汐能电站的开发前景［J］. 黑龙江科技信息，(10)：233.

乐欢，2014. 美国能源政策研究［D］. 武汉：武汉大学.

李守宏，王海峰，2013. 我国海洋可再生能源专项资金管理思路及立项特点分析［J］. 海洋技术，(4)：129 - 133.

李书恒，朱大奎，2005. 潮汐能发电技术研究现状与应用前景［C］. 第十二届中国海岸工程学术讨论会论文集.

梁亮，金南兰，倪勇强，2013. 浙江省潮汐能资源调查及应用研究［J］. 浙江水利科技，41 (4)：17 - 18，24.

刘富铀等，2013. 三沙海洋可再生能源的开发利用［J］. 海洋开发与管理，(S1)：31 - 37.

刘美琴，仲颖，郑源等，2009. 海流能利用技术研究进展与展望［J］. 可再生能源，27 (5)：78 - 81.

刘美琴，仲颖，郑源，赵振宙，2009. 海流能利用技术研究进展与展望［J］. 可再生能源，27 (5)：78 - 81.

刘同良，2012. 中国可再生能源产业区域布局战略研究［D］. 武汉：武汉大学.

刘伟民，陈凤云，2010. 海洋温差能发电现状综述［C］. 中国可再生能源学会. 海洋能专业委员会第三届学术讨论会论文集.

刘小龙，侯樱，赵文峰等，2008. 海流能发电机的发展和应用［J］. 能源工程，(6)：20 - 23.

卢苇，2009. 海洋能资源分析方法及储量评估［M］. 北京：海洋出版社.

吕超，2014. 基于机构原理的海洋可再生能源捕获装置查询系统［J］. 海洋技术学报，（4）：71－75.

罗国强，叶泉，郑宇，2011. 法国新能源法律与政策及其对中国的启示［J］. 天府新论，（2）：66－72.

马与雄. 法国投巨资发展海洋可再生能源［N］. 中华工商时报，2012－03－31（03）.

彭燕，2010. 新型磁流体波浪能发电技术的研究//中国海洋学会中国海洋可再生能源学会学术年会［C］. 北京：海洋出版社.

钱伯章，2011. 韩国可再生能源目标及政策［J］太阳能，（12）：6－9.

［日］饭田哲也，周杰，2014. 日本可再生能源的政策和市场［R］. 国际清洁能源论坛（澳门）研究报告.

沈东芳，杨会，程泽梅等，2014. 潮汐能开发对环境影响分析探讨［J］. 资源节约与环保，（4）：27.

沈溶，潘寄青，2009. 可再生能源的激励措施——美、日、德三国的实践模式及其启示［J］. 江西社会科学，（1）：90－93.

束必铨，2012. 韩国海洋战略实施及其对我国海洋权益的影响［J］. 太平洋学报，20（6）：89－98.

孙晨，2013. 海洋可再生能源环境收益及对区域经济影响研究——以潮汐能为例［D］. 青岛：中国海洋大学.

孙静雅，2010. 海洋可再生能源开发利用的法制建设思考［J］. 法制与社会，（3）：266－267.

孙晓仁，郭茂林，武金旺，2008. 韩国新能源和可再生能源的发展［J］. 全球科技经济瞭望，23（9）：16－19.

唐刚，2014. 英国海洋可再生能源开发法律制度与国家实践及对中国的启示［J］. 湖北函授大学学报，（21）：84－85.

田小惠，张婧竹，2017. 冷战后法国的新能源政策：调整、特点及影响［J］. 法国研究，（03）：13－21.

田应元，张云海，任翀等，2010. 海流能发电发展方向及技术路线思考［J］. 能源工程，（1）：9－14.

王传崑，2009. 海洋能资源分布方法及储量评估［M］. 北京：海洋出版社.

王传崑，施伟勇，2008. 中国海洋能资源的储量及其评价//中国能源学会. 中国可再生能源学会海洋能专业委员会成立大会暨第一届学术讨论会论文集.

王传崑，1995. 中国自然资源丛书（海洋卷）［M］. 北京：中国环境科学出版社.

王金平，郑文江，高峰，2012. 国际海洋可再生能源研究进展及对我国的启示［J］. 可再生能源，30（11）：123－127.

王军，于华明，蔡德泉等，2013. 我国海流能量分布研究以及海流能发电设计方案建议［J］. 科技风，（1）：108－110.

王俊，陈柳钦，2012．日本是否会放弃核能——日本能源政策走向分析［J］．中外能源，17（5）：25－31．

王立，董志勇，张旭等，2011．海流能增速管纠正偏流的实验研究［J］．水力发电学报，30（4）：142－146．

王琦等，2013．法国海洋可再生能源产业发展浅析［J］．国土资源情报，（1）：53－58．

王琦，黄南艳，姜丽，2013．法国海洋可再生能源产业发展浅析［J］国土资源情报，（10）：51－56．

魏青山等．盐差能：大规模应用还需时日［N］．中国海洋报，2010－10－12（10）．

吴文，1998．我国海水海洋温差能资源蕴藏量和可开发量估算［J］．海洋工程，（1）：79－88．

武贺，王鑫，李守宏等，2015．中国潮汐能资源评估与开发利用研究进展［J］．海洋通报，（4）：370－376．

项翔，李俊飞，2014．对我国海洋可再生能源开发利用的研究与探讨［J］．海洋开发与管理，（6）：37－41．

谢晶仁，2010．韩国开发利用新能源的现状及对我国的启示［J］．农业工程技术（新能源产业），（12）：6－9．

熊焰等，2009．我国海洋可再生能源开发利用发展思路研究［J］．海洋技术，（3）：111－115．

许泰秀，2010．韩中两国新可再生能源政策比较与合作展望［D］．大连：大连理工大学．

晏清，2012．国际海洋可再生能源发展及其对我国的启示［J］．生态经济，（8）：33－38．

晏清，刘雷，2012．海洋可再生能源——我国沿海经济可持续发展的重要支撑［J］．世界经济与政治论，（3）：159－173．

晏清，袁平红，2012．英国海洋可再生能源发展及其对中国的启示［J］．企业经济，（9）：114－118．

杨明．韩国．向海洋要发展动力［N］．经济日报，2012－12－01（01）．

余勇强，2017．日本推进可再生能源发展的政策及作用机制［J］．科学与财富，（12）：70－70，71．

张海生，2013．浙江省海洋环境资源基本现状［M］．北京：海洋出版社．

张季风，2015．日本能源形势的基本特征与能源战略新调整［J］．东北亚学刊，（5）：25－32．

张丽珍，羊晓晟，王世明等，2011．波浪能发电装置的研究现状与发展前景［J］．湖北农业科学，50（1）：161－164．

张世龙，1999．论产业发展序列及其选择［J］．国民经济计划与管理（人大报刊复印资料 F10），（10）：183－184

张世龙，马尚平，石纳芳，2004．产业生命周期与发展中国家产业发展［J］．经济理论与经济管理，（6）：38－41．

张宪昌．新能源政策的立法演进［N］．学习时报，2014－10－09（02）．

张晓君，程振兴，张兆德，2010．潮汐能利用的现状与浙江潮汐能的发展前景［J］．中国造，51（Z1）：144－147．

张晏瑲，2014. 海洋可再生能源开发的法律制度与国家实践［J］. 河北法学，32（6）：27－38.

赵雪华，1996. 浙江的潮汐能发电实践［J］. 水力发电学报，（1）：25－36.

赵雪华，1982. 浙江省潮汐能利用调查研究报告［R］. 能源工程，（2）：6－10.

赵雪华，1991. 浙江省潮汐能资源开发研究回顾［J］能源工程，（3）：34－38.

郑崇伟，贾本凯，郭随平等，2013. 全球海域波浪能资源储量分析［J］. 资源科学，35（8）：1611－1616.

Andrew MacGillivray, 2014. Innovation and cost reduction for marine renewable energy: A learning investment sensitivity analysis [J]. Technological Forecasting & Social Change, (87): 108－124.

Denis M, 1986. Wave Climate and the Wave Power Resource [J]. Hydro－dynamics of Ocean Wave－Energy Utilization, 133－156.

Kim Trapani, 2013. Novel offshore application of photovoltaics in comparison to conventional marine renewable energy technologies [J]. Renewable Energy, (50): 879－888.

Mark A, 2011. Shields. Marine renewable energy: The ecological implications of altering the hydrodynamics of the marine environment [J]. Ocean & Coastal Management, 54 (1): 2－9.

Markus Mueller, 2008. Enabling science and technology for marine renewable energy [J]. Energy Policy, 36 (12): 4376－4382.

Paul Todd, 2014. Marine renewable energy and public rights [J]. Marine Policy, (47): 118－125.

Sandy Kerr, 2014. Establishing an agenda for social studies research in marine renewable energy [J]. Energy Policy, (67): 694－702.

Sarah Dolman, 2010. Towards best environmental practice for cetacean conservation in developing Scotland's marine renewable energy [J]. Marine Policy, (5): 1021－1027.

Simeon Leete, 2013. Investment barriers and incentives for marine renewable energy in the UK: An analysis of investor preferences [J]. Energy Policy, (60): 866－875.

Vijay K. Jolly, 2001. 新技术的商业化从创意到市场［M］. 张作义等译. 北京：清华大学出版社.

Wei－Haur Lam, 2014. Insights into the Ocean Health Index for marine renewable energy [J]. Renewable and Sustainable Energy Reviews, (33): 26－33.

W. James Grecian, 2010. Potential impacts of wave powered marine renewable energy installations on marine birds [J]. Wiley, (4): 683－697.

Wood Robert J K, 2010. Tribological design constraints of marine renewable energy systems [J]. Physical and Engineering Sciences, (1929): 4807－4827.